U0353534

明清家具鉴藏全书

邬 涛 编著

全国百佳出版社
中央编译出版社
CCTP Central Compilation & Translation Press

图书在版编目 (CIP) 数据

明清家具鉴藏全书 / 邬涛编著. —北京：中央编
译出版社，2017.2
 （古玩鉴藏全书）
ISBN 978-7-5117-3144-9

I. ①明… II. ①邬… III. ①家具－鉴赏－中国－明
清时代②家具－收藏－中国－明清时代 IV.
 ①TS666.204②G262.5

中国版本图书馆 CIP 数据核字 (2016) 第 247796 号

明清家具鉴藏全书

出 版 人：葛海彦
出版统筹：贾宇琰
责任编辑：邓永标 舒 心
责任印制：尹 珺
出版发行：中央编译出版社
地　　址：北京西城区车公庄大街乙 5 号鸿儒大厦 B 座 (100044)
电　　话：(010) 52612345（总编室）　　(010) 52612371（编辑室）
　　　　　(010) 52612316（发行部）　　(010) 52612317（网络销售）
　　　　　(010) 52612346（馆配部）　　(010) 55626985（读者服务部）
传　　真：(010) 66515838
经　　销：全国新华书店
印　　刷：北京鑫海金澳胶印有限公司
开　　本：710 毫米×1000 毫米　1/16
字　　数：350 千字
印　　张：14
版　　次：2017 年 2 月第 1 版第 1 次印刷
定　　价：79.00 元

网　　址：www.cctphome.com　　　邮　箱：cctp@cctphome.com
新浪微博：@中央编译出版社　　　微　信：中央编译出版社 (ID: cctphome)
淘宝店铺：中央编译出版社直销店 (http://shop108367160.taobao.com) (010) 52612349

前言

　　中国是世界上文明发源最早的国家之一，也是世界文明发展进程中唯一没有出现过中断的国家，在人类发展漫长的历史长河中，创造了光辉灿烂的文化。尽管这些文化遗产经历了难以计数的天灾和人祸，历尽了人世间的沧海桑田，但仍旧遗留下来无数的古玩珍品。这些珍品都是我国古代先民们勤劳智慧的结晶，是中华民族的无价之宝，是中华民族高度文明的历史见证，更是中华民族五千年文明的承载。

　　中国历代的古玩，是世界文化的精髓，是人类历史的宝贵的物质资料，反映了中华民族的光辉传统、精湛工艺和发达的科学技术，对后人有极大的感召力，并能够使我们从中受到鼓舞，得到启迪，从而更加热爱我们伟大的祖国。

　　俗话说："乱世多饥民，盛世多收藏。"改革开放给中国人民的物质生活带来了全面振兴，更使中国古玩收藏投资市场日见红火，且急遽升温，如今可以说火爆异常！

　　古玩收藏投资确实存在着巨大的利润空间，这个空间让所有人闻之而心动不已。于是乎，许多有投资远见的实体与个体（无论财富多寡）纷纷加盟古玩收藏投资市场，成为古玩收藏的强劲之旅，古玩投资市场也因此而充满了勃勃生机。

　　艺术有价，且利润空间巨大，古玩确实值得投资。然而，造假最凶的、伪品泛滥最严重的领域也当属古玩投资市场。可以这样说，古玩收藏投资的首要问题不是古玩目前的价格与未来利益问题，而应该说是它们的真伪问题，或者更确切地说，是如何识别真伪的问题！如果真伪问题确定不了，古玩的价值与价格便无从谈起。

　　为了更好地解决这一问题，更为了在古玩收藏投资领域仍然孜孜以求、乐此不疲的广大投资者的实际收藏投资需要，我们特邀国内既研究古玩投资市场，又在古玩本身研究上颇有见地的专家编写了这本《明清家具鉴藏全书》，以介绍明清家具专题的形式图文并茂，详细阐述了明清家具的起源和发展历程、明清家具的分类和时代特征、收藏技巧、鉴别要点、保养技巧等。希望钟情于明清家具收藏的广大收藏爱好者能够多一点理性思维，把握沙里淘金的技巧，进而缩短购买真品的过程，减少购买假货的数量，降低损失。

　　本书在总结和吸收目前同类图书优点的基础上进行撰稿，内容丰富，分类科学，装帧精美，价格合理，具有较强的科学性、可读性和实用性。

　　本书适用于广大明清家具收藏爱好者、国内外各类型拍卖公司的从业人员，可供广大中学、大学历史教师和学生学习参考，也是各级各类图书馆和拍卖公司以及相关院校的图书馆装备首选。

编者

2016年11月于北京·阅园

目录

第一章

明清家具知识概述

第二章

明代家具的收藏

第三章

清代家具的收藏

明清家具知识概述

　　明清时期的家具，是我国古典家具中的精华，由于清承明制，一般都以"明清"概称。但就明清两代家具来讲，还是两种艺术风格不同的家具。

　　明代家具是在宋元家具的基础上发展起来的，并达到前所未有的黄金时代，主要产地在苏南地区，究其原因，除历史的传承和积淀外，明代家具的形成，离不开当时的社会条件：一是明代社会经济的稳定繁荣；二是海外贸易得到空前的恢复与发展；三是建筑与园林兴起的需要。

　　清代家具继承了明代家具采用优质硬木的传统，同时它又汲取了外来文化的影响，并形成了绚丽、豪华与繁缛的富贵气，取代了明式家具的简明、清雅、古朴的书卷气，显得"俗"气，使得它的艺术价值不如明代家具。

　　明清家具的材质一般分为硬木与软木两大类：硬木有紫檀、黄花梨、鸡翅木、乌木、红木、花梨等；软木有榉木、榆木、楠木、樟木、核桃木等。

△ 黄花梨罗锅枨绿纹石面香案　明代

长84厘米，宽53厘米

△ 嵌端石山水人物小插屏　明代

高46厘米

明清家具概述

一

　　我国古代家具制作不用金属铆钉，而是使用榫卯技术、框架结构和胶水相结合的方法做成家具，这在世界上可以说绝无仅有。明清家具的发展是中国家具史上最重要的两个时期。

△ 黄杨木观音坐像　明代

高31厘米，宽16.5厘米，厚11.5厘米

△ 黄花梨书柜　明代

长72.5厘米，宽47.5厘米，高101.5厘米

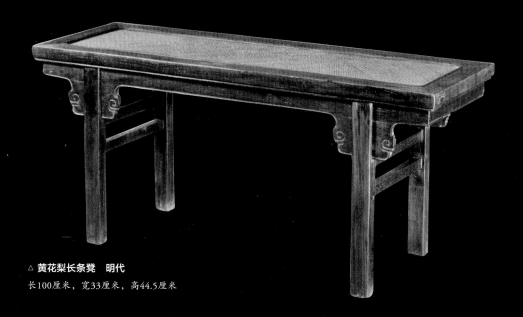

△ **黄花梨长条凳　明代**

长100厘米，宽33厘米，高44.5厘米

　　明朝家具使用的木料通常为紫檀、黄花梨、鸡翅木、铁力木、楠木、榉木、胡桃木等。明式家具以展现木材的天然色泽和纹理以及木结构楔接为主要特色。造型上基本分为束腰和无束腰两种。造型、装饰上不求繁复，注重各部构件的比例尺度，特别注意与人体各部位的密切关系（这早在宋朝家具上就体现出来），其制作精巧，一线一面皆严谨准确、艺术品味不同凡响。流传至今的明朝家具以明朝后期居多，且多出自苏州工匠之手，苏州是明式家具的发源地。

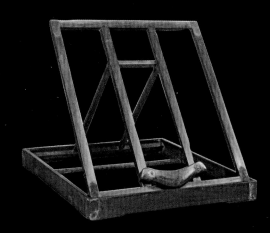

△ **黄花梨镜架　明代**

长43厘米，宽39厘米，高35厘米

△ **黄花梨盝顶官皮箱　明代**

长44厘米，宽37厘米，高46厘米

△ 黄花梨福寿纹扶手椅　明代

宽75厘米，深53厘米，高109厘米

△ 紫檀雕拐子龙纹翘头案 明代

长305厘米，宽115厘米，高53厘米

此案通体紫檀木质，两端回纹翘头，面下四周加如意纹边。牙条及牙头浮雕螭纹及卷草纹。腿面以回纹锦压边，当中浮雕拐子式云纹。前后腿间装双枨，镶透雕双螭纹条环挡板，四足带撇脚。

△ 紫檀小翘头案　明代

长37厘米，宽14厘米，高13厘米

小翘头案选用紫檀制成，案面为长条独板，翘首；冰盘沿，弧门券形牙板，夹头榫结构，两侧挡板壶门券口式。此翘头案小巧别致，包浆细润，光洁流畅，古朴自然。

▷ **紫檀树瘤笔筒　明代**
直径15厘米，高14.5厘米

◁ **紫檀泥鳅背笔筒　明代**
直径11.8厘米，高16.2厘米

▷ **紫檀雕锦纹框浮雕山水人物大挂屏　明代**
长159厘米，宽91厘米

△ 黄花梨"气死猫"圆角柜 明代

长81厘米，宽39厘米，高159厘米

　　圆角柜为老料新做，手工打磨，平顶，顶沿外抛，柜门及两侧上部是镂空十字四瓣花纹，用攒斗的方法造成。门中部绦环板浮雕双龙纹。下半板心整材而成。柜门与柜框不用合页连接，而采用门轴形式，既转动灵活，又便于拆卸。正中有闩杆，底枨下嵌夹镂出云纹牙头的牙条，以双榫纳入底部。

△ **黄花梨如意云纹圈椅（一对） 明代**

长61.5厘米，宽47.7厘米，高103厘米

△ **黄花梨南官帽椅（一对） 明代**

长64厘米，深49厘米，高99厘米

　　清朝早期沿袭明式家具风格，到了乾隆前后，各种制作流派形成以地区命名的"京作""苏作""广作""晋作"等。

　　"京作"多为宫廷所作。为显示木料的质地和纹理，通常将纹理好的料用于显要位置，很少上漆，"京作"多为硬木家具。

　　"苏作"十分讲究精雕细镂；当然纹理好的，同样用于迎面，不作修饰。"苏作"习惯镶嵌瘿木，装饰手段较为多样。用料巧妙，搭配合理甚于其他地区。

　　"广作"用料粗大，体重，靠背高，雕工繁复，如在束腰、腿足注重雕刻，受西洋影响，弯腿较多，当然图饰上也多为中西结合。"广作"用料多为红木。

　　乾隆时期是清朝家具发展的鼎盛期，制作装饰手段多样，如螺钿镶嵌、宝石镶嵌、金漆描绘等。

　　以上是简要概述了明清家具发展的基本状况，要想进一步了解熟悉各类家具，其中很重要的一点，就是要分辨清楚明清家具的材质。材质决定家具的品质和年代，如黄花梨家具，一般明朝产较多。下面对一些材质作简要介绍。

△ 鸡翅木两屉桌　明代

长157.5厘米，宽69厘米，高82厘米

◁ **瘿木文具盒　清代**

长29.5厘米，宽16厘米

　　紫檀：木性稳定，不裂不翘，易精雕细刻，分量重，视色深，是最名贵的木材。

　　黄花梨：木性稳定，不裂不翘。色泽温润，纹理清晰，以"鬼脸纹"为最好，是仅次于紫檀的名贵之木。

　　鸡翅木：纹理像鸡翅之羽，黑黄相间，木轻，是硬木中较轻的一种。鸡翅木有新老之分，老的色泽深褐，纹理细密。新的体重，色黑，通常是"民国"及近几十年的制品。

　　铁力木：纹理粗糙、较硬，色灰黑，做成的家具多粗犷。

　　乌木：色极黑，俗称黑紫檀，纹理细密，木质坚硬，料金，光亮，乌木没有大料，清朝多做贵重的桌椅家具。

△ **紫檀炕几　清代**

长88厘米，宽48厘米，高33厘米

新花梨：又称"花梨"，木质粗，无香味，在清末民初，通常作为黄花梨的补充，制作各种家具，"花梨"木色硬，木中档次较低。

红木：颜色、分量介于紫檀与黄花梨之间，红木家具产量大，是硬木家具的大宗。与紫檀、黄花梨相比，红木木性不稳定，遇热、遇干，易变形。

榉木：体重，木质坚硬，木纹清晰，略有黄花梨的效果，易走性变形，为苏州等地的家具制作的常用木材。

榆木：体轻，纹理粗，颜色比榉木稍淡，走性小，为北方家具中常用的木材。

楠木：体轻，不弯形，纹理清晰细腻，性温和，手触不凉。

樟木：有异味香，故可避虫，做成的家具多为箱、橱、柜等。

核桃木：木质细，纹理流畅，性温和，易精雕，是北方家具中较为讲究的品种。

△ **红木双拼圆桌　清代**

直径115厘米，高87厘米

二
明清家具的发展历程

　　明清时期的家具，是我国古典家具中的精华，由于清承明制，一般都以"明清"概称，就如"隋唐"、"宋元"一样。但就明清两代家具来讲，还是两种艺术风格不同的家具。

△ 黄花梨五屏式镜台　明万历

长62.8厘米，宽37厘米，高69厘米

△ 黄花梨镜匣　明代

长33厘米，宽33厘米，高59厘米

△ 黄花梨玄纹笔筒　明代

直径13.5厘米，高15.5厘米

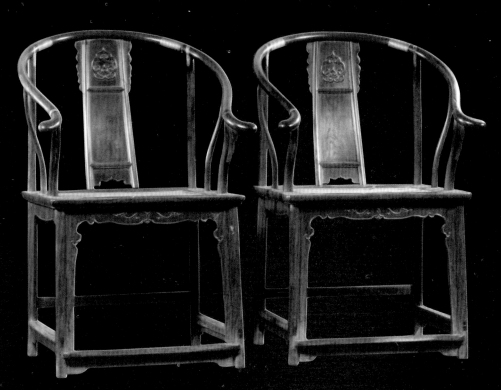

△ 黄花梨如意云纹圆椅（一对）　明代

宽61.5厘米，深47.7厘米，高103厘米

1 | 明代家具

　　明代家具是在宋元家具的基础上发展起来的，并达到前所未有的黄金时代，主要产地在苏南地区，究其原因，除历史的传承和积淀外，明代家具的形成，离不开当时的社会条件。主要表现在以下几点：

△ 黄花梨卷叶纹三弯腿炕桌　明代

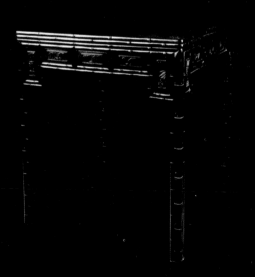

△ 红木竹节供桌　明代

长72厘米，宽72厘米，高82厘米

△ 黄花梨指日高升大插屏　明代

长63厘米，宽35厘米，高84厘米

　　第一，是明代社会经济的稳定繁荣。1368年，朱元璋建立了明政权后，手工业迅速兴旺起来，并出现大批工商业城市，全国的经济空前繁荣。明朝最初定都南京，依托于山清水秀的江南地区，丰富的物产，悠久的历史文化，滋润着各类艺术品的发展，成为"南北商贾争赴"的经济中心。除南京外，苏州也是一个"五方杂处，百业聚汇，为商贾通贩要肆"的城市，同时这里也是当时的工艺品生产中心，像丝绸、刺绣、裱褙、窑作、铜作、银作、漆作、玉雕、首饰、印书、制扇与木作等，都遥遥领先于其他地区，这些经济与文化上的区域优势，都为明代家具的生产制作创造了得天独厚的条件。

　　第二，海外贸易得到空前的恢复与发展。明代的社会稳定与经济发展，促使我国与海外建立了广泛的贸易关系，当时的主要海外贸易国家有日本、南洋诸岛与东南亚各国。明永乐至宣德年间，杰出的航海家郑和率领浩浩荡荡的船队七下西洋，写下了世界航海史上的辉煌一页。当时中国的船队带去了瓷器、丝绸、茶叶、棉布，返回时除其他贸易品外，还带回了东南亚地区大量的优质硬木料，如紫檀木、花梨木等。这些优质木材通过海运源源不断地抵达中国，为明代家具制作提供了充足的物质条件。另外，与日本的贸易，也带来了东洋的漆器镶嵌工艺。

△ 黄花梨雕牡丹圈椅　明代

　　第三，建筑与园林兴起的需要。明代是我国古代建筑与园林最兴盛的时期，当时上至皇宫官邸，下到商贾士绅，都大兴土木建造豪宅与园林，这些都需要家具来配套与装饰点缀，客观的需求极大地刺激了木器业的发展。明代皇帝不仅重视家具，甚至还亲自操斤（斧头），制作家具，据说他们的技艺有时甚至超过御用工匠，明天启皇帝就是其中的一位佼佼者。

△ 黄花梨带门围子雕龙架子床　明代

宽216.5厘米，深146.5厘米，高229厘米

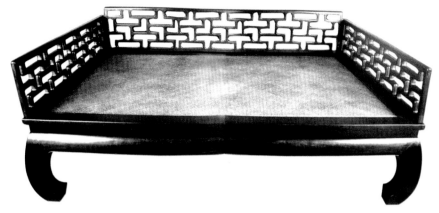

△ 紫檀香蕉腿罗汉床　明代

　　造就明代家具辉煌成就的，还有一个极其重要的因素，那就是文人的参与。例如我们从唐寅的临本《韩熙载夜宴图》中发现，他在画中增绘了二十余件家具，这件事充分说明了文人对家具的特殊兴趣。又如文徵明之后人文震亨编写的《长物志》中，就对宅园中的各种家具，如床、榻、架、屏风、禅椅、脚凳、橱、弥勒榻等，都依据文人的情趣与审美观念进行了评述。正因为有了文人的参与，就孕育了明代家具极其强烈的文化底蕴。

△ 黄花梨有束腰马蹄罗锅枨长条桌　明代

长158厘米，宽58厘米，高87厘米

2 | 清代家具

清代家具继承了明代家具采用优质硬木的传统，同时它又汲取了外来文化的影响，并形成了绚丽、豪华与繁缛的富贵气，取代了明式家具的简明、清雅、古朴的书卷气，显得"俗"气，使得它的艺术价值不如明代家具。

◁ **紫檀提篮　清代**
长34厘米，宽18厘米，高26厘米

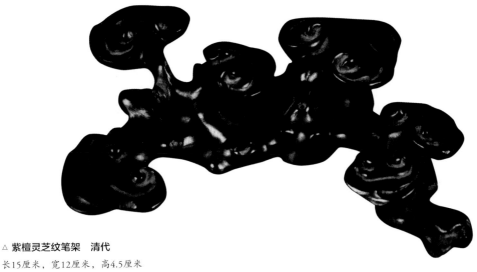

△ **紫檀灵芝纹笔架　清代**
长15厘米，宽12厘米，高4.5厘米

清代家具的发展与形成，可以分为三个时期：清初期，统治者为了有效地控制全国，使国家经济得到恢复与发展，在许多方面都继承了明代传统，家具制造也不例外，基本保持了明式的工艺风格。自雍正至嘉庆年间是清代家具发展的鼎盛时期，该时期是清代历史上国力兴盛时期，家具生产在明式家具的基础上走出了自己的模式，尤其是乾隆时期，使家具生产步入了高峰，其风格反映了当时强盛的国势与向上的民风，世称"乾隆工"，为后世留下了相当众多的珍品，被视为典型的清式风格。自鸦片战争后，由于外国资本主义的侵入，西方的家具文化不断涌入，使传统的家具风格受到了猛烈的冲击，从而使强盛的清代家具走向衰退期。

△ 红木长方桌　清代
长77厘米

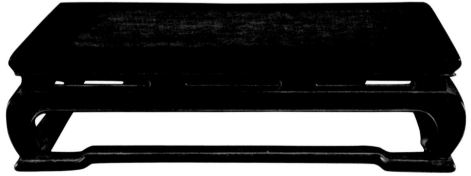

△ 紫檀炕几　清代
长84厘米，宽54.5厘米，高26.5厘米

造成清代家具的历史条件有以下诸因素。

其一，满足朝廷的需要。清代统治者前期，在政治上是个"暴发户"，在精神上追求荣华富贵，所以在大兴皇家园林的同时，对家具的追求欲望表现得非常强烈。在家具的造型上竭力显示其威严、豪华、改简就繁，努力造成一种骠悍雄壮的气势。

其二，清代疆土辽阔，海禁开放，材源丰富。在当时，不仅珍贵木材接连不断运进中国，而且各种装饰材料也非常丰富。

其三，外来文化的影响。康熙年间，西方科技文化再次登陆，于是西方的绘画、建筑、装饰、器物大量涌进，并迅速与中国文化参杂糅和起来。

△ **鸡翅木花几 清代**

长57厘米，宽37厘米，高75厘米

其四，乾隆年间，西方的玻璃开始流行，皇宫官宅的室内光线明显变亮，家具的色泽要求变深了，所以紫檀木成为首选木材，后又以红木来替代。

其五，产生家具流派。明代时，高档家具几乎是"苏式"一统天下，到了清代，由于西方文化的渗浸，以精雕细琢、镶金嵌石的广式家具，迅速崛起，这种豪华厚重的家具得到清统治者的欢心，并因此而成为清代家具的主体。另外，京式、晋式、甬式、鲁式家具都形成了各自的特点，并赢得了一席之地。

清代家具的艺术成就虽不如明式家具，但在中国古典家具的大家族中，清式家具仍占有重要的地位，尤其是乾隆至嘉庆年间的家具，仍具有较高的收藏价值，其中以紫檀家具为典型代表。

△ 红木百宝嵌插屏　清代

长60厘米，宽21厘米，高62厘米

三
明清家具的特点

1 ｜ 明代家具的特点

　　首先，是制作工具先进。明代的冶金工业高度发展，给框架锯与刨凿等工具的制作提供了优质材料，有了先进的工具，使家具的制作更加精密化了。

　　其次，制作材料发生了变化。宋代的家具虽发达，但它的制作材料，都以软木与白木为主，并在其外作髹漆装饰。到明代，家具制作的工具先进了，工匠们可以选用硬质木材来进行加工，于是黄花梨、紫檀木、铁力木、鸡翅木、柞针木等高档硬木就成为家具制作的最佳选择。在当时，由于海外贸易的兴盛，东南亚的高档硬质木材源源不断进口，另外，在我国南方也生长着少量的高档硬木。这些高档硬木，为聪明的工匠们提供了施展技术的客观条件。由于木材的名贵，就使明代家具变得异常珍贵。

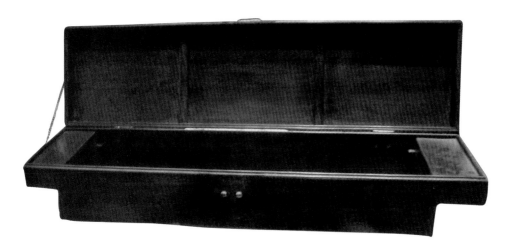

△ **黄花梨轿箱　明代**

长74厘米，宽18厘米，高13厘米

再次，追求天然的木质纹即为美。由于家具木材的变化，人们的审美情趣，已从髹漆的人工之美，转化为追求木质的天然之美。那些优质硬木质地坚硬，强度高，色泽幽雅，纹理清晰而华丽，为了更好地体现这些木质的天然之美，所以在装饰家具时以不髹漆为主要工艺，即所谓"清水货"，只在其上打磨上蜡。这种追求天然的木质纹理之美的理念，体现了古人崇尚自然、师法自然的艺术宗旨，故而营造明式家具的古朴端庄的情趣。明代家具经过了数百年的使用与流传，大都在表面呈现出一种自然光泽，俗称"包浆"。这种天然的肌理质感，在今天看来更加意蕴丰富，耐人寻味。

△ 黄花梨带抽屉橱柜　明代

长85厘米，宽56厘米，高87厘米

　　然后，家具形体结构严谨，造形装饰洗练。明代家具在形体结构上，较宋代又有新的发展，更为合理。束腰、托泥、马蹄、牙板、矮老、罗锅枨、霸王枨、三弯腿等工艺，不仅使家具的结构严谨，更使视觉重心下降，从而产生了稳重感。明代家具不事雕琢，追求以线条与块面相结合的造型手法，给人一种幽雅、清新、淳朴而大器的韵味。线条装饰手法，早在宋代就出现，到了明代将这种造型艺术发挥到登峰造极的地位，因而形成了明式家具的明快、简洁而洗练的艺术风格。

　　最后，家具款式系统化。宋元家具的品种已相当发达，但并无明确的功能划分，到了明代，出现了以建筑空间功能划分的家具、形成了厅堂、书斋与卧室三大系统。在家具的陈设上，产生了以对称为基调的格式，从而奠定了中国古典家具的陈设模式。而这一切，都是中国儒家文化精神的体现。

△ **黄花梨圆裹腿罗锅枨条桌　明代**

长97厘米，宽42厘米，高83厘米

△ 金丝楠木圆裹腿书桌

长238厘米，宽88厘米，高82.5厘米

2 | 清代家具的特点

虽说清代家具承继明代家具，但在造型风格艺术上，两者有着明显的区别。

现在在论及明代家具时，常出现"明式"的字眼。明代与明式是有区别的，"明代"指的是明朝生产制作的家具，而"明式"则不然，它不仅包括明朝生产的家具，还包括明朝以后生产的明代样式的家具，现在古家具收藏界所言"明式"，泛指明中期至清顺治、康熙两朝生产的家具。事实上，现传世的诸多明式家具，是在清朝顺治、康熙时期所制。形成清代家具，是在雍正、乾隆时期，所以今天研究清代家具，主要是指清康熙朝之后生产的家具。

△ 红木长方几　清代

　　清代家具的工艺风格，首先是追求绚丽、豪华与繁缛的富贵气。清统治者进关以后，他们追求荣华富贵的心态，在家具上表现得非常强烈。明代家具的简明、清雅而古朴的风格，再也不符合他们的审美情趣，而这时中国的海禁再次开放，西方文艺复兴后的巴罗克和洛可可艺术风格迅速传进中国，它们的精雕细琢、绚丽多彩的工艺，正迎合了清统治者的心理需要，于是在传统的家具工艺上，糅合进西方的造型、雕刻与装饰艺术手段，从而使得家具向华丽的方向大踏步地前进。

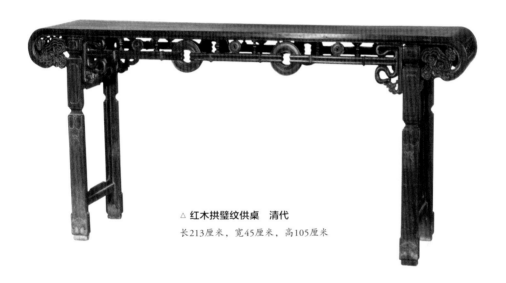

△ **红木拱璧纹供桌　清代**

长213厘米，宽45厘米，高105厘米

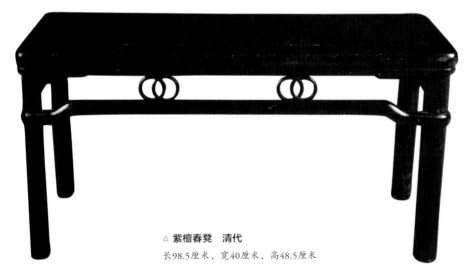

△ **紫檀春凳　清代**

长98.5厘米，宽40厘米，高48.5厘米

△ 榆木圈椅　清代
宽58厘米，深45.5厘米，高99厘米

　　其次，用材厚重、体态宽达。因为明代家具崇尚的是不事雕琢的线条之美，所以它的体态明快而轻盈。清代家具则不同了，它追尚的是豪华富贵气，为了达到这个目的，雕刻就成为最主要的工艺手段了，从最初的浮雕一直发展到后来的高浮雕甚至圆雕。要完成这样繁缛的雕刻，原来明式家具的骨架显然不能胜任，于是就将家具的用材加大放宽。结果，华丽的气魄出来了，原先的合理的结构比例失去了，变得有些笨重。

　　再次，装饰手法艳丽夺目。为了能达到最佳的豪华富贵，工匠们在施展雕刻工艺的同时，又极大地发展了镶嵌工艺。镶嵌工艺在中国的历史非常悠久，可追溯到春秋战国的青铜器错金嵌银工艺，明代的家具也常出现镶嵌工艺，不过都是作些点缀之用，所用材料也很有限。到了清代，家具镶嵌工艺达到了空前绝后的地步，几乎遍及所有的地方流派，其中，尤以广作与京作成就最辉煌，所用材质千姿百态，除了常见的纹石、螺钿、象牙、瘿木外，还有金银、瓷板、百宝、藤竹、玉石、兽骨、景泰蓝等，所表现的内容，大多为吉祥端庆的图案与文字。除了镶嵌外还常采用填色、描绘与堆漆等装饰手法，将家具打扮的艳丽夺目。

最后，出现了地方流派。家具作为人类赖以生存的生活器物，严格地讲，从它一诞生后，不同的地区就产生了不同的家具流派，但作为以在全国范围内流行并产生影响力的是从清代开始的。明代的家具，主要家具生产地在苏南的苏州至松江一带，故称"苏式家具"，在整个明式家具中，苏式家具一统天下。到了清代，由于社会经济的发展，以及清统治者的需要，苏式家具独霸天下的格式打破了，继而兴起了地方流派纷呈的新局面，其中"广式家具"一跃而居榜首，后来在广作、苏作的基础上，又孕育出皇家豪气的"京式家具"。地方流派的出现，是我国古典家具繁荣的标志，它促进了家具工艺、门类、材质、功能等方面的飞跃发展，也构成了清代家具最大的工艺特色与艺术价值。

◁ 红木方桌　清代
长88厘米

△ 红木小长方几　清代
长65厘米

四
明清家具的种类及装饰

　　根据明清家具的使用功能，可将明清家具分为椅凳、桌案、床榻、柜架等五类；从造型上看，可以分为有束腰和无束腰两大类。

1 | 明清家具的种类

　　椅凳类，包括杌凳、坐墩、交杌、长凳、椅、宝座等各种坐具。

　　杌凳的形式多为长方形和正方形，圆形的较少。坐墩，因其墩面常覆盖一层丝织物，又名绣墩；另由于坐墩似鼓，故也称鼓墩。坐墩常用于室外，传世品中石、瓷坐墩要多于木制坐墩。明清的各种坐墩上，往往保留有藤墩的圆形开光以及木鼓上钉鼓皮的帽钉痕迹。

△ 鸡翅木四椅二几　清代

椅：宽53厘米，深42厘米，高92厘米

几：长41厘米，宽31厘米，高80厘米

交杌，就是腿足相交的杌凳，俗称"马闸"或"马扎"，即古代的"胡床"。交杌可以折叠，携带和存放十分方便，千百年来广为沿用。

长凳，是狭长而无靠背坐具的统称，有条凳、两人凳和春凳三种。条凳的长短高矮不一，为常见日用品，多用柴木制成，通称板凳。两人凳长约1米，凳面较条凳宽，可容两人并坐。春凳长约1.5米～2米，宽逾0.5米，可并坐3～5人，也可作卧具以代小榻。春凳今专指宽大长凳。

◁ 红木雕狮方桌　清代
长98厘米，宽98厘米，高83厘米

▷ 红木拉钱条桌　清代
长140厘米，宽45厘米，高92厘米

△ 黄杨木太师椅　清代
宽66厘米

　　椅是有靠背坐具的总称（形制特大，雕饰奢华的宝座除外）。其式样和大小，差别较大。明清椅子的形式大体有靠背椅、扶手椅、圈椅和交椅四种。靠背椅是有靠背无扶手椅子的统称，常见的有灯挂椅、一统碑椅、木梳背椅等几种。扶手椅的常见形式主要有玫瑰椅和官帽椅。圈椅之名得之靠背如圈。其后背和扶手一顺而下，无官帽椅的阶梯式高低之分，圆婉柔和，极为美观，坐在上面肘部和腋下一段臂膀均得到倚托，十分舒适。圈椅用材多为圆形，方材罕见，扶手一般均出头，不出头而与鹅脖相接的较为少见。交椅，实际上就是有靠背的交杌，可分为直后背和圆后背两种。直后背交椅的靠背如同灯挂椅，而圆后背交椅的靠背状似圈椅。交椅的交接部位一般都用金属饰件钉裹。宝座是专供帝王使用的坐具，除具大型椅子的特点外，另增奢华的雕刻和镶嵌等装饰，宝座一般都配有脚踏。

　　桌案类，包括各种桌子和几案。主要有炕桌、炕几、炕案、香几、茶几、酒桌、半桌、方桌、条几、条桌、条案、架几案、画桌、画案、书桌、书案、半圆桌、扇面桌、棋桌、琴桌、抽屉桌、供桌、供案等形式。炕桌、炕几和炕案均属矮形桌案，多在炕上使用。三者之区别在于炕桌略宽，用时放在炕中间；而炕几和炕案较窄，置于炕的两侧使用。凡面由木板构成，腿在四角，呈桌形体的叫炕几；腿足缩进不在四角，呈案形体的就叫炕案。香几因承置香炉而名，多为圆形，腿足弯曲，委婉多姿，面面宜人。香几盛行于明代，入清后渐不流行，随之大量出现由方形或长方形香几繁衍出来的茶几。

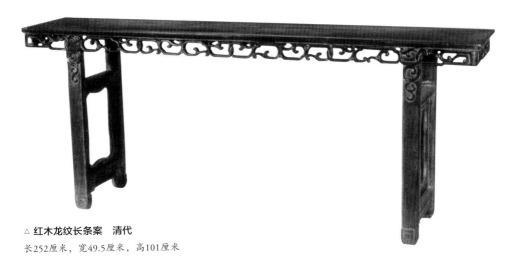

△ 红木龙纹长条案　清代

长252厘米，宽49.5厘米，高101厘米

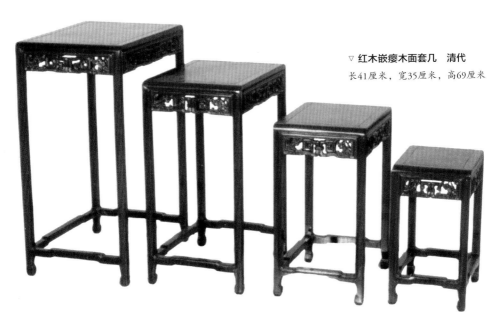

▽ 红木嵌瘿木面套几　清代

长41厘米，宽35厘米，高69厘米

　　酒桌和半桌是两种形制较小的长方形桌案。后者的宽度相当于八仙桌的一半，故名。当八仙桌不够用时，半桌可接上，所以半桌又叫接桌。方桌是传世较多的一种明清家具，有大、中、小三种类型。大者俗称八仙，中者称六仙，小者谓四仙。方桌的常见形式有无束腰直足、一腿三牙、有束腰马蹄足等三种。

　　条几、条桌、条案和架几案的形制均窄而长，故归属条形桌案，它们与画桌、画案、书桌、书案等宽长桌案相比，结构和造型相同，其区别主要在于前者不及后者宽大，后者的体型一般都要大于半桌。

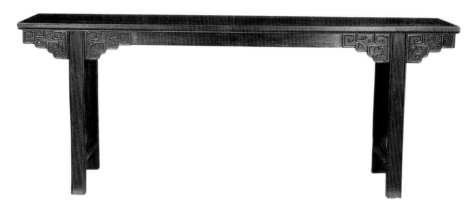

△ 花梨条案　清代

长240厘米，宽45厘米，高94厘米

△ 红木下卷条桌　清代

长163厘米，宽54厘米，高84厘米

床榻类，包括榻、罗汉床和架子床三种。

榻是一种仅有床身，上无任何装置且较窄的卧具，而在床上后背及左右两侧安装低栏的就称罗汉床。架子床是有柱有顶的床的统称，其形式可进一步分为四角立柱、三面设低栏的四柱床；带门围的六柱床；形体庞大，床下有地坪，床前置浅廊，状如寝室的拔步床。

△ 架子床 清代

　　柜架类，这类家具的用途，主要是陈设器物和储藏物品，大致可分为架格、亮格柜、圆角柜、方角柜四种。

　　架柜因常用来放书，故又称书架、书格，一般高1.5米～2米，立木为四足，依其面宽安装多层格板，格子间有的空敞，有的安圈口、栏杆或透棂。

　　亮格柜实际是架格和柜子的组合物，常见形式为架格在上，柜子在下，柜身无足，另安矮几支承。

△ 红木雕花书柜（一对） 清代

长88厘米，宽36厘米，高200厘米

圆角柜因其顶部有突出的圆形线脚（柜帽），故名，圆角柜的柜门安木轴，关门靠硬挤，也有的安闩杆。

方角柜的体形一般是上下同大，四角见方，门的形式同圆角柜，也有硬挤门和安闩杆两种。方角柜常见的有"一封书式"和"顶箱立柜"两种，前者顶部无箱，后者有箱并与柜子成对组合，故也称四件柜。四件柜大小相差悬殊，小者炕上使用，大者高达三四米，可与屋梁齐。

其他类，凡不宜归入以上四类的家具，均属其他类。此类家具的种类繁多，如屏风、闷户橱、箱、提盒、都承盘、镜台、官皮箱、衣架、面盆架、滚凳、甘蔗床及一些微型家具等。

△ 红木拱璧纹琴几　清代

长75.7厘米，宽38厘米，高81厘米

△ 紫檀圆包圆书桌　清代

长70厘米，宽70厘米，高82厘米

△ 红木云石底座

长43厘米，宽27.8厘米，高12.3厘米

2 | 明清家具的装饰

　　明清家具是中国古代家具制作的顶峰，其优点除结构精巧，造型优美外，丰富多彩的装饰手法也是重要的内容。明清家具的装饰，主要是通过选料、线脚、攒接、雕刻、镶嵌及附属构件六个方面来体现。

△ 黄花梨雕西番莲佛经箱　清早期

长38厘米，宽21.5厘米，高19厘米

△ 红木两面抽屉写字台配脚踏　清代

长150.5厘米，宽103厘米，高85厘米

选料，明清家具在选料时，比较注意木材的纹理，凡纹理清晰、美观的"美材"，总是被放在家具的显著部位，并常呈对称状，显得格外隽永耐看。"美材"中有一种长有细密旋转纹理的"瘿木"（树木生瘿结节处的木材），如楠木瘿子、紫檀瘿子等，十分难觅，常用作高档家具的面心材料，此外，明清家具也很讲究不同材质的搭配使用，利用木材的质地和色泽对比，达到一定的装饰效果。

△ 紫檀香几（一对）　清代
长12厘米，宽12厘米，高19.5厘米

△ 红木炕桌　清代
长80厘米，宽44厘米，高31厘米

△ 紫檀底座　清代

长21.5厘米，宽20.5厘米，高6.5厘米

　　线脚，线脚是明清家具中最常见的装饰，主要施于家具的边抹（边框构件）、枨子（横档）、腿足等部位，通过平面、凹面、圆面、凸面、阴线、阳线之间不同比例的搭配组合，形成千变万化的几何形断面，达到悦目的装饰效果。

　　攒接，所谓攒接，就是用纵横斜直的短材，通过榫卯的连接，制成各种几何图案，增加家具的空灵之美。运用攒接的方法，可避免透雕因木纹留得过短导致断裂的弊病。如将攒接与透雕结合，可各展其妙，相得益彰。攒接构件多用于脚踏面心、桌牙子、椅靠背、条案档板、床围子及架格栏杆和门心等部位。

△ 红木龙寿纹长条案　清代

长245厘米，宽48厘米，高107厘米

雕刻，雕刻在明清家具的装饰中占有十分重要的地位，有阴刻、浮雕、透雕、浮雕与透雕结合、圆雕等多种技法，其中又以浮雕最为常用；而雕刻的题材更是十分广泛，归结起来可分为卷草、莲纹、云纹、灵芝、龙纹、螭纹、花鸟、走兽、山水、人物以及吉祥文字图案、几何图案、自然物象图案和宗教图案等十多类。雕刻的装饰部位大多在家具的牙板、背板、构件端部等处。

镶嵌，镶嵌是明清家具中使用较少的一种装饰手法，因材料的不同有木嵌、螺钿嵌、象牙嵌等名称，也有一种用玉、石、牙、角、玛瑙、琥珀以及各种木料作镶嵌物的"百宝嵌"，较为少见，只有在豪华的高档家具上才使用。

附属构件，明清家具的附属构件，除具有使用功能外，也有一定的装饰意义。如镶于凳、桌面心和柜门、床围的各种纹石、丝绒、藤丝编成的软屉；各种家具包角、面叶、合叶、拉手、锁、穿鼻、吊牌、钮头等铜铁饰件，或有漂亮的天然花纹，或有美丽的色泽，或经人为加工后造型多变，风格优雅，呈现出丰富多彩的装饰效果。

△ 红木五福捧寿圆桌、椅（六件） 清代

五
明清家具的异同点

明清两代是中国家具发展的顶峰时期，这一时期的家具不仅种类繁多，而且更加充分地发挥了家具的使用功能。

◁ 黄花梨高束腰马蹄足挖缺做条桌　明代

长98厘米，宽48厘米，高88厘米

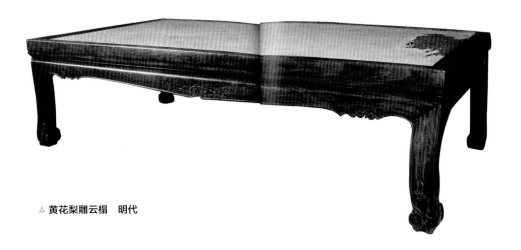

△ 黄花梨雕云榻　明代

　　总体来讲，明清两代家具的种类已经日臻齐全，我们今天使用的大部分家具都是在那个时期定型的。但有些品种的家具因年代久远，今天已无处寻觅了。如明人的笔记里曾记载有"接脚"这类家具。

　　据明代人李诩《戒庵老人漫笔》里记载，明代有个叫叶钟的御史，有一次入宫奏事，见"宫殿皆不甚高大，中置龙龛，朝廷所坐有金交椅，又方木墩甚众，问内官所用，乃宫人祗候传班，短者以此木立之令齐，名接脚"。

△ 黄花梨翘头几　明代

　　从文中叙述可知，这种类似方木墩的器物名为"接脚"，是明代宫中所用之物，专为身材相对矮小的宫人祗候帝王传班所备，"以此木立之令齐"。可惜随着时光的流逝，这种家具湮没在历史的风尘中，再也见不到了。

　　清代家具由于受到工艺水平的影响和当时文人审美观的左右，较明代家具品种更为丰富，如清初著名戏剧家李渔在他的那本《闲情偶寄》的书里主张桌子要多安抽屉，立柜要多加阁板和抽屉。并身体力行，设计制作了一批家具。

△ 黄花梨炕桌　明代

长97厘米，宽60厘米

△ 花梨嵌汉白玉圆台　清代

直径79厘米，高38.5厘米

△ 黄花梨直棂玫瑰椅　清早期
宽90厘米，深56厘米，高43厘米

　　李渔的家具设计思想对清代家具风格的形成起到了一定的作用。带有抽屉的家具在清代以前虽也有过，但大量出现还是在清代以后。今天我们所看到的带抽屉的桌子以清代居多，应是受到了李渔的影响。

　　我们今天常见的"多宝格"也是在清代才开始形成的。多宝格，顾名思义，就是储藏宝物的容器，大部分见于宫廷或官府，民间所谓"大户人家"中，也有使用。它兼有储藏和陈设的双重作用，但主要是陈设之用。它是在明代架格的基础上发展起来的新型家具。

　　明代的架格又称"书格"，通常高五六尺，依其面宽安装通长的横板，每格或完全空敞，或安券口，或设牙板，有的在后背设背板。

　　大体上来讲，明代架格造型比较简练，给人以质朴之感。而到了清代，开始出现了一种用横、竖板（此种竖板又称为"立墙"）将内部空间分隔成若干高低不等、大小有别的架格，这种架格的前后左右做成不同形状的开光，内部空间之间分隔巧妙，设计得错落有致，因它与明代的架格意趣大异，称为"多宝格"。

　　有些家具是清代特有的品种，如贴黄家具，贴黄也名"文竹"，是我国传统的竹刻工艺，这种技法兴起于清初，到了清中期发展成熟。

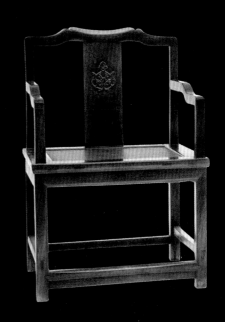

△ **黄花梨官帽椅（一对）　清早期**

宽65厘米，深52厘米，高97厘米

当时又称贴黄为"翻篁"，其工艺程序是将南竹锯成竹筒，去节去青，留下薄层的竹黄，经过煮、晒、压平后，胶合在木胎上，然后磨光，再在上面刻饰各种人物、山水、花鸟等纹样。其色泽光润，类似象牙，据清宫内务府造办处活计档案记载：

"乾隆二十四年闰六月（行文）郎中白世秀员外郎金辉来说太监胡世杰交文竹小瓶一对，文竹昭文带一件。"

这是关于文竹器物的较早记载。说明此种装饰工艺是乾隆以后才逐渐兴起的，故而凡是发现采用贴黄技法装饰的家具基本可以断定是清中期以后所制。

在清代宫廷造办处活计档案里，还有"百什件屉"的记载。

这是一种专门用于置放小型文玩玉器的容器。在其内侧底部依文玩器物的体量做出形态不同的各种凹槽，这样就使文玩玉器各置其位。

这种容器做工精湛，构思奇巧，充分反映了能工巧匠的聪明才智。如清宫内务府造办处活计档记载："乾隆五十一年二月初一日总管刘秉忠交雕龙紫檀木大箱一对，传旨交造办处配装百什件钦此。于五月十二日将雕紫檀木大箱一对内配装百什件四十二屉，现配得百什件屉内第一层装得玉器古玩等三十七件，第二屉装得玉器古玩等二十四件。"

可见，一件百什件厨内可以摆放多件物品，但大多是小巧玲珑、占用空间不大的文玩玉器，且"排位有序。"

综上所述可知，明清家具鉴定并非无章可寻，而是有着其特有的规律性。不同时期的家具在造型风格、材质选择、装饰纹样以至家具品种上都存在着差异，只要认真观察，总能找到蛛丝马迹。

△ 红木云石面灵芝百灵台　清代

直径99厘米，高86厘米

六

明清家具的流派

　　明清家具具有很强的地域性特点，即以地域为划分标准，大致可分为苏式家具、京式家具、广式家具、宁式家具、徽州家具、扬州家具、湖南竹制家具、云南家具、晋作家具、湖北树根藤瘿家具、鲁作家具等十一派，现将各派的特点分别介绍如下：

△ 黄花梨有束腰三弯腿罗锅枨方凳　明代

长54厘米，宽52厘米，高52厘米

△ **黄花梨四出头官帽椅（一对）　明代**
宽59.5厘米，深45厘米，高117.5厘米

1 ┃ 苏式家具

　　苏式家具主要指苏州及周围地区制作的家具。苏州地区人杰地灵，文人墨客辈出。家具制作中很多文人学士都亲自参与设计，使苏式家具具有很深的文人气，举世闻名的明式家具，即以苏式家具为主。苏式家具形成较早，制作传统家具的技术力量较强。其造型和纹饰较朴素、大方。它以造型优美、线条流畅、结构和用料合理为世人称道。苏州地区制作家具时材料不易得到，于是就采用包镶技艺制作家具，这比实料制作需更高的技术。其制作时常表面用好材料，面板常用薄板粘贴。一般都饰漆里，漆工技艺要求相当高，制成后很难看出破绽，包镶技艺可谓达到炉火纯青的地步。苏式家具常以紫檀、黄花梨、花梨木、榉木等为主要用材。

2 | 京式家具

　　京式家具主要指北京地区生产的以宫廷用器为代表的家具。京式家具大体介于广式和苏式之间，用料较广式要小，较苏式要实。从外表看，京式与苏式在用料上趋于相仿。从纹饰上看，它与其他地区相比又有其独具的风格，它从皇宫收藏的三代古铜器和汉代石刻艺术中吸取素材，巧妙地装饰在家具上。工匠根据不同造型的家具而施以各种不同形态的纹饰，显得古拙雅致。清代的京式家具，因皇室、贵族生活起居的特殊要求，造型上给人一种沉重宽大，华丽豪华及庄重威严的感觉。宫廷用器因追求体态，致使家具在用料上要求很高，常以紫檀为主要用材，也有黄花梨、乌木、酸枝木、花梨木、楠木和榉木等。京式家具制作时为了显示木料本身的质地美，硬木家具一般不用漆髹饰，而是采取传统工艺的磨光和烫蜡。

△ **花梨南官帽椅（一对）　清早期**

宽55厘米，深42厘米，高94厘米

3 | 广式家具

广式家具是指南方广东地区以广州为中心制作的一种较有特色的家具。广州地处南海之滨的珠江三角洲，商业和手工业都很发达。它又是中国南方的贸易大港，海运交通便利，外国客商云集，当地华人散居世界各地，这对于广式家具事业的发展及家具用材的进口，都提供了得天独厚的供销渠道。

广式家具的制作一方面继承了中国优秀的传统家具制作技艺；另一方面大量吸收了外来文化艺术和家具造型手法。广式家具最早突破了我国千百年来的传统家具的原有格式，大胆引用西欧豪华、高雅的家具形式，其艺术形式从原来纯真、讲究精细简练线脚、实用性较强的风格，而转变为追求富丽、豪华和精致的雕饰，同时使用各种装饰材料，融合了多种艺术的表现手法，创造了具有鲜明的风格和时代特征的家具样式。

广式家具用料以酸枝木为主，亦有紫檀及黄花梨等，用材上讲究木质的一致性。为了显示硬木木质的色质美和天然花纹，广式家具在制作中，不髹漆里，上面漆，不上灰粉，打磨后直接揩漆，即所称广漆。广式家具花纹变化无穷，线条流畅，根据不同器形而随意生发延伸。刀法浑圆齐整，刮磨精工细致，卯榫衔接精确不可思议，历年来，留下了很多足以传世的家具佳品。

△ **海南黄花梨罗汉床（附炕几）**

床：长202厘米，宽110厘米，高83厘米

炕几：长73.5厘米，宽38厘米，高22厘米

4 | 宁式家具

　　宁式家具为宁波地区制作的家具。宁波地区在清代和海外交往频繁，又是当时重要的港口城市。自清代以来，宁波地区在坚持传统技艺基础上，创立了很有特色的骨镶和彩漆家具。彩漆家具即用各种颜色漆在光素的漆地上描画花纹而制成的家具。宁式彩漆家具主要是平面彩漆，成器后给人一种光润、鲜丽的感觉。宁式家具最为著名的是骨镶家具，在造型上，保持多孔、多枝、多节、块小而带棱角，宜于胶合和防止脱落。骨嵌分为高嵌、平嵌、高平混合嵌几种，宁式多为平嵌形式。骨嵌的材料只用牛肋骨，一般先用红木做好家具，然后在木坯家具上进行镶嵌。宁式家具品类齐全，花纹题材近于生活，创作技艺亦相当成熟，成器给人以古拙、纯朴的感觉。

△ 红木嵌大理石圆桌、凳（七件）　清代

桌：直径76厘米，高78厘米

凳：直径32厘米，高47厘米

5 | 徽州家具

　　徽州家具及徽州所制木器，雕镂镶嵌，备极华丽。明清时期，徽州地区商业很发达，当地商人主要经营茶叶和盐。徽州商人勤奋耐劳，他们不但在国内进行贸易，甚至漂洋过海到外国去做买卖，赚了钱后，又丰富家乡的文化，建造了有深厚文化内涵的徽州民居，制作出了民族气息浓厚的徽州家具。《云间据目抄》曾记："徽之小木匠，争列市于郡治中，即嫁妆杂器俱属之矣。"可见徽州家具当时的流行程度。

◁ **黄花梨博古纹靠背椅　清代**
宽53.5厘米，深41厘米，高96.5厘米

6 | 扬州家具

　　扬州家具主要为漆木家具。扬州漆器很早就享有盛誉。扬州漆器家具最为著名的是多宝镶漆器家具，它是我国家具工艺中别具一格的品种。多宝镶又名"周制"，因由嘉靖年间著名匠师周翥创制而得名。清代扬州多宝镶家具曾风行一时，但传世品甚少。扬州的螺钿漆器家具和漆雕家具也久负盛名。提到雕漆，我们不得不首先介绍较典型的"剔红"，它用传统的朱漆一层层地覆盖在漆坯表面，当工艺结束后就获得了一种深沉而绚丽的色调。"剔红"技法要求雕漆时在漆坯半干时雕刻，色彩的效果取决层次敷漆的变化。扬州漆雕名匠很多，但由于技艺要求高，工艺比较复杂，制作周期长，客观上限制了漆雕家具大量制作，也使传世"周制"及"剔红"不多见。扬州家具品种齐全，造型上基本保持了南方地区的高雅、协调和明快的风格。

◁ 紫檀龙纹交椅　清代

7 ｜ 湖南竹制家具

湖南益阳在明初就有竹制家具，且制作技艺精良，造型上类似木家具且品种多样，有椅、床、桌、几、屏风等。材料使用很严格，需用生长2年以上的老竹，也像木制家具的材料需阴干3年～4年才能使用，竹种主要采用毛竹、麻竹，利用竹材光洁、凉爽的特点，并根据竹青、内黄的不同性质，经郁制、拼嵌、装修和火制等工序制作完成。竹制家具富有鲜明的民族风格，卯榫拼接很严密，纹饰丰富。

8 ｜ 云南家具

云南家具中最为著名的是镶嵌大理石家具。所用石料产于云南大理县苍山，石质之美，名闻各地。其中以白如玉和黑如墨者为贵；微白带青者次之；微黑带灰者为下品。白质青章为山水者名春山；绿章者名夏山；黄纹者名秋山。而以石纹美妙又富于变化的春山、夏山为最佳，秋山次之。另外，还有如朝霞红润的红瑙石、碎花藕粉色的云石、花纹如玛瑙的土玛瑙石、显现山水日月人物形象的永石等。

云南嵌大理石家具制作时，往往把石材锯开成板，镶嵌于桌案面心，插屏、屏风或罗汉床的屏心及柜门的门心。嵌石家具由于石材纹理的变化，在似与不似的景象中，情趣横生。

△ 黄花梨折叠式炕案　清早期

长32厘米，宽79厘米，高62厘米

9 | 晋作家具

晋作家具主要指山西乡镇制作的家具，其做工在技艺上已可与苏作比美。在造型上基本上保持了明清家具样式，装饰纹式都较简练，在北方制作家具中可谓首曲一指。

10 | 湖北树根藤瘿家具

湖北树根藤瘿家具的产地主要在鄂西北武当山神农架地区。那里山多林密，藤根、怪树根资源丰富形态丰富而奇特。艺人们精心选择藤根，去掉虚根、朽枝，经过处理，再反复髹漆，最后巧妙地制成各式家具。这种家具具有质地坚硬、经久耐用、情趣自然、古朴典雅等特点，特别是那些天然藤根的疤、节、瘤、洞甚至残烂部位，只要构思得体，排列适当，都可获得特殊的艺术效果。

11 | 鲁作家具

鲁作家具主要是指山东地区制作的家具，制作上较简朴。清代山东潍县出现了一种嵌金银丝家具，给中国家具增加了一种新颖的品种。嵌金银丝家具这一技法是由商周青铜器发展演变而来的。商周青铜器的鼎、匜、尊、壶等器皿上常嵌着金或银，这种工艺移植到家具上，形成了新的装饰特点。嵌金银丝的图饰有人物、风景、山水花鸟、飞禽走兽亭台楼阁等。制作的家具有床、椅、桌子、屏风等。

△ 红木雕花圆桌　清代

直径79厘米，高83厘米

△ 金丝楠木明式花架

长38厘米，宽38厘米，高100厘米

七

明清家具的鉴定

明清家具的鉴定，最重要的内容是确定年代。准确地判明家具制作的年代，可从用材、品种、形式、构件的造法以及花纹等几个方面进行综合考察。

1 | 从用材上鉴定

明清家具在用材方面，有鲜明的时代特点。因此，辨别木材是鉴定家具年代，传世的明清家具中，有不少是用紫檀、黄花梨、鸡翅木、铁力等木料制作。因在清代中期以后，这四种木料日见匮乏，成为罕见珍材。所以，凡是用这四种硬木制成而又看不出改制痕迹的家具，大都是传世已久的明代或清代前期原件。虽说此类名贵家具近代仿制的也有，终因材料难得及价格昂贵，为数极少。今存

△ 红木雕插花罗汉床　清代
长194厘米，宽122厘米，高119厘米

的明清硬木家具中，也有许多是使用红木、花梨木和新鸡翅木制作的。由于这几种木材，是在紫檀、黄花梨等名贵硬木日益难觅的情况下才被大量使用，所以，用这些木料制作的家具，多为清代中期以后直至晚清、民国时期的产品。如有用红木、花梨木或新鸡翅木做的明式家具，因其材料的年代与形式的年代不相吻合，大多是近代的仿制品。值得注意的是，有大量传世的榉木家具，不能以材质来判断年代，因为它在明清两代均被广泛用于制作家具，并在形式上也较多地保持了一致性，许多清代中期乃至更晚的榉木制品，依然沿袭着明代的手法。所以，对于榉木家具的断代，应更多地依靠其他方面的鉴定。

△ 黄花梨书架　清早期
长90.5厘米，宽40厘米，高175厘米

△ 瘿木嵌象牙挂屏　清代
宽72厘米，高86厘米

△ 红木长方几（一对）　清代

△ 紫檀束腰雕西番莲纹六足带托泥凳（一对）　清代

宽35.6厘米，高47.6厘米

△ 紫檀配黄杨木五屏风攒边镶五彩花蝶纹瓷板围子罗汉床　清代

长176.2厘米，宽77.5厘米，高96.2厘米

△ **紫檀雕花香几　清代**

长111厘米，宽42厘米，高84厘米

△ **紫檀大画桌　清代**

长176厘米，宽82厘米，高84厘米

2 | 从品种上鉴定

明清家具的品种,往往与年代有密切的关系。有些较早出现的家具品种,往往到了清代后就不再流行,所以除了极少数后世有意仿制的外,其制作年代不应晚于它的流行年代。也有一些家具品种,出现的时间较晚,器物的本身,就很好地说明了它们的年代。如圈椅,入清以后已不流行,从传世品来看,它们多用黄花黎制作,很少有红木或花梨木的制品,其造型和雕饰风格也较早。所以,传世的圈椅,基本都是明式家具。

又如茶几,本身就是为适应清代家具布置方法而产生的品种,它由明代的长方形香几演变而来,传世的大量实物中,多为红木、花梨木制品,未见年代较早的。很显然,茶几是清式家具品种。

△ **柏木半桌　清代**
高108厘米

△ 红木小桌　清代

长118厘米

3 | 从形式上鉴定

　　家具的形式，是断代的重要依据。许多明清家具的年代早晚，都可以从形式上的变化来判断。

　　如坐墩的形式，即经历了一个由矮胖到瘦高的变化过程，凡具有前者特征的坐墩，其年代一般要早于后者。但也有一种四足呈如意柄状的常见清式坐墩，形体兼有矮胖、瘦高两种，它们多为清中期后的广式家具，苏式家具中也有仿制。

　　在扶手椅中，凡靠背和扶手三面平直方正的，其制作年代大多较早。

△ 铁力方凳（一对）　清代

长48厘米，宽48厘米，高54厘米

从罗汉床的床围子形式变化来看，三块独围板的罗汉床，比三块攒框装板围子的要早；围子尺寸矮的，要早于尺寸高的；围子由三扇组成的，比五扇或七扇组成的要早。凡围子形式较早的罗汉床，其床身造法也较早，反之，则较晚。

对于架格来说，区别它是明式还是清式，主要看它的横板是通长一块，还是立墙分隔。至于架格被分隔成有高低大小许多格子的多宝格，决非明式，它是清乾隆时期开始流行的形式。

4 | 从花纹上鉴定

明清家具上的花纹，是鉴定家具制作年代的最好依据。家具花纹与其他工艺品的花纹一样，具有鲜明的时代性，因此，在鉴定家具时，有确切年代的其他工艺品上的花纹，是很好的对比参照物。但在参照时宜采用题材相同，或接近的加以对比，这样就比较容易判断年代。

明清家具与其他工艺品不同，绝大多数没有年款，其鉴定是一项复杂的工作。上述鉴定方法，除根据花纹可以判断较具体的年代外，其他的大都只能区分明式或清式，一些鉴定标准也仅作参考，切不可生搬硬套。因为明清家具有时在用材、品种、形式、造法及花纹上，或沿袭传统，或刻意仿造，极难断代。对这种家具的鉴定，就更要进行详尽和全面的科学考察。

△ 红木草龙纹宴桌　清代

长90厘米，宽90厘米，高36厘米

△ 红木官帽椅（一对）　清代

宽60厘米，深47厘米，高117厘米

△ 红木嵌瘿木面三件套几　清代

长33厘米，宽43厘米，高64厘米

5 | 从结构上鉴定

鉴定明清家具的年代早晚，有时也可根据某些构件的造法来判断。但这种方法必须结合整体造型和其他构造法的鉴定。现将明清家具中某些构件的造法介绍如下：

（1）搭脑

凡靠背椅和木梳背椅的搭脑（靠背顶端的横料）中部，有一段高起的，要比用直搭脑的晚；靠背椅的搭脑与后腿上端格角相交，这是广式家具的造法，苏州地区造的明式椅子，此处多用挖烟袋锅榫卯，时代较早。

（2）屉盘

椅凳和床榻的屉盘（垫子），有软硬两种，软屉用棕、藤皮或其他动植物纤维编成，硬屉则用木板造成（一般采用打槽装板造法）。考究的明代及清代前期家具，大多是16世纪~18世纪初苏州地区的产品，屉盘多为软屉，少有硬屉。今存完好的传世软屉家具，大多可视为苏州地区制造，而硬屉家具则很可能是广州或其他地区所造。

（3）牙条

桌几牙条与束腰一木连做的，要早于两木分做的；椅子正面的牙条仅为一直条，或带极小的牙头，为广式家具的造法，时代较晚。苏州地区制造的明式家具，其牙条下的牙头较长，或直落到脚踏枨（横档），成为券口牙子。

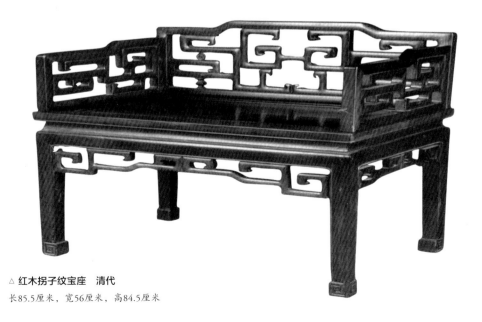

△ 红木拐子纹宝座　清代

长85.5厘米，宽56厘米，高84.5厘米

△ 红木炕几　清代
长94厘米，宽41厘米，高33厘米

（4）牙头

夹头榫条案的牙头造得格外宽大，形状显得臃肿笨拙的，大多是清代中期后的造法。

（5）枨子

凡罗锅枨的弯度较小且无圆婉自然之势，显得生硬的家具，其制作年代较晚；明式家具的管脚枨都用直枨，而清中期后管脚枨常用罗锅枨，晚期的苏式家具更是流行此做法。这是区别明式和清式家具十分重要的特点。

（6）卡子花

明式家具上常用双套环、吉祥草、云纹、寿字、方胜、扁圆等式样，清中期以后的卡子花渐增大且趋于繁琐，有些做出花朵果实，有些造成扁方的雕花板块或镂空的如意头。根据卡子花的式样，可有效地判别明式和清式家具，并确定其大致年代。

（7）腿足

明式家具除直足以外，还有鼓腿彭牙、三弯腿等向内或向外兜转的腿足，其线条自然流畅，寓道劲于柔婉中。清中期的家具腿足矫揉造作，常作无意义的弯曲，清晚期的苏式家具中，这种做法特别突出。其造法通常是选用大料做成直足，然后在中部以下削去一段，并向内骤然弯曲，至马蹄之上又向外弯出。这种做法大至大椅，小至案头几座，无不如此。

（8）马蹄

明式家具与清式家具的马蹄，区别显著，前者是向内或向外兜转，轮廓优美劲峭，而后者则呈长方或正方，并常有回文雕饰，显得呆板落俗。

△ 黄花梨圆后背交椅　清代

宽79厘米，深63厘米，高100厘米

　　交椅作为可以折叠的椅凳，其基本结构在宋代已经定型。该椅靠背板采用三截攒成，上透雕螭纹开光，中为麒麟、山石、灵芝，下为卷草纹。椅面软屉以绳编成。下有踏床，既可翻转，亦可卸下。各构件交接处及踏床床面均用如意头铜饰加固。

△ 黄花梨圈椅　清代
宽61厘米，深48厘米，高99厘米

明代家具的收藏

中国古代家具，经宋、元入明，到明代中叶，很快地出现了一个前所未有的黄金时代，究其原因，主要有以下两个方面：

第一，明王朝建立后，一开始就着重恢复与发展农业生产，使社会经济出现了全面上升的趋势，从而，大批工商业城市以及遍布全国各地的市镇，迅速地繁荣昌盛，大大地推动了明代商业贸易和手工业生产的发展，家具制造也在各地普遍地出现欣欣向荣的景象。

第二，据《明史食货志》载：宣德（1426—1435）时，全国设有税收机构的大工商业城市就有三十三个，发达的城市经济、还直接地推动了城镇建筑规模的扩大，而建筑的快速高涨，又直接加速了家具制造的突飞猛进。

明代，又是中国历史上园林建造最兴盛的时代，特别在苏、松两地造园风气极其风靡，据《苏州府志》记载，明朝一代建有第宅园林共二百七十一处。遍布江南的古典园林，无论在建筑的使用功能，还是在艺术水平上，都达到引人入胜的程度。每座华屋宅园中，中央纵轴线上都建有门厅、大厅及住房，左右纵轴线上也有客厅、书房和其他住房以及讲究的厅堂、楼阁、斋馆，在室内都需要有相得益彰的家具和陈设，故园林建筑的兴盛，对明代家具的飞速发展和水平的提高，又起到了最直接的推动作用。

△ 黄花梨文房箱　明代

长48厘米，宽24厘米，高21厘米

一
明代家具简介

　　明代家具在隆庆以前，海禁未开，硬木家具未流行，制作仍是宋代的继续。明代早期家具有准确纪年的，如山东鲁王朱檀墓出土的朱漆戗金云龙纹盝顶箱、素木半桌、朱漆石面半桌、高翘头供案等。鲁王朱檀卒于洪武二十二年（1389），出土的家具是明代早期家具代表器物，继承了宋元家具的风格和技艺，但工艺水平在以"宋元为通法"的基础上有很大的提高。至于传世的明早期家具，北京故宫博物院藏刻有"大明宣德年制"款的黑漆嵌螺钿龙戏珠纹香几、剔红孔雀牡丹纹香几等，代表了明早期漆家具的水平。明宣德以后，直至正德（1436—1521），在传世的小件漆器中未见署有年款，更未见有款的漆家具。

　　明代漆器产量之大，制作之精，品种之多，均超过了前代，各种漆工艺也被广泛用到家具制作之中，常见的即有单色漆、雕漆、描金漆、堆灰、填漆戗金、款彩、嵌螺钿等多种，显示出家具制作工艺的高度发展。如本书收入较多的描金漆家具，是在素漆家具上用半透明漆调彩描画花纹，干后打金胶，上金粉，漆地与金色相映衬，形成富丽华贵的气派，如明万历款黑漆描金龙戏珠纹药柜、红漆描金山水图格等。嵌螺钿工艺此时也达到很高的水平，能根据纹饰要求，区分壳色，随类赋彩，有绚丽多彩的效果。做法上分为嵌硬螺钿和薄螺钿。嵌硬螺钿家具有黑漆嵌螺钿花蝶纹架子床、黑漆嵌螺钿花鸟纹罗汉床等；清康熙款的黑漆嵌螺钿山水花卉纹书架是嵌薄螺钿家具的精品。从文献资料也可以看到这一时期家具的种类多，用量大，反映出家具制造业的繁盛。如明人编撰的《天水冰山录》，载有嘉靖四十四年（1565）首辅严嵩之子严世蕃获罪被抄家的一本账目，经统计有大理石及金漆等屏风389件，大理石、螺钿等各样床657张，桌椅、橱柜、凳杌、几架、脚凳等共7 440件。高级家具的制造更是耗资巨大，明人何士晋汇辑的《工部厂库须知》卷九，载有万历十二年（1584）宫中传造龙床等四十张的工料费用："万历十二年七月二十六日，御前传出红壳面揭帖一本，传造龙凤拔步床、一字床、四柱帐架床、梳背坐床各十张，地平、脚踏等俱全。合用物料，除鹰平木一千三百根外，其召买六项，计银三万一千九百二十六两，工匠银六百七十五两五钱。此系特旨传造，难拘常例。然以四十张之床费至三万余金，亦已滥矣。"据此可以看出，宫中家具制作耗费之大。同时，还反映了家具制作上供求两方面的情况：求的一方提出高的要求，供的一方在工料水平方面要使求方满意，这是高度发展的必然结果。还有明代木工专用书《鲁班经》，原来只有木结构建筑做法，不包括家具，到万历年间（1573—1620）的增编本《鲁班经匠家镜》，则增加了制作家具的条款五十二则，并附图式。这也说明随着家具的需要量大增，学这门手艺的人增多，这部书正是根据社会上的需要而增编的。家具制作技艺，在这个时期已接近高峰，然而选材方面，万历以前还没有黄花梨、紫檀等硬木家具。

明人范濂《云间据目抄》一书载："细木家伙如书桌、禅椅之类，予少年时曾不一见，民间止用银杏金漆方桌。自莫廷韩与顾宋两家公子，用细木数件，亦从吴门购之。隆万以来，虽奴隶快甲之家皆用细器。而徽之小木匠，争列肆于郡治中，即妆杂器属之矣。纨袴豪奢，又以榉木不足贵，凡床橱几桌皆用花梨、瘿木、乌木、相思木与杨木，极其贵巧，动费万钱，亦俗之一靡也。尤可怪者，如皂快偶得居止，即整一小憩，以木板装铺，庭蓄盆鱼杂卉，内则细桌拂尘，号称书房，竟不知皂快所读何书也。"这条史料说明，明嘉靖年间还没有细木家具，至明万历年间风尚为之一变，硬木家具开始出现在市场上，富有者争相购买，发生这种变化的原因，经济繁荣当然是其中之一，但主要的还是由于隆庆年间（1567—l572）海禁大开，花梨、紫檀等硬木得以流行。

△ 黄花梨行军台　明代

长79厘米，宽44.5厘米，高28.5厘米

△ **黄花梨嵌绿端石炕桌 明代**

长87厘米，宽58厘米，高29厘米

此种家具形体不大，且四足较低，故又称矮桌。面攒框镶绿端，虽有裂痕，但不影响其所带给我们的视觉惊叹，细腻凝滑，晶莹润翠，犹如大海。大边明榫，下有两穿带支撑桌面。壶门牙板，三弯腿，内翻足，下带承珠。

△ **黄花梨壶门炕桌（一对） 明代**

长56厘米，宽36.5厘米，高15厘米

炕桌选用海南黄花梨料，包浆温润滑腻。桌面格角榫攒边打槽平镶面心。边抹冰盘沿，上下各起边，束腰，壶门牙条与腿足抱肩榫相交，牙条方腿内翻马蹄足。

△ 黄花梨两门橱　明代

长95厘米，宽46.5厘米，高140厘米

△ 黄花梨南官帽椅　明代
宽64厘米，深49厘米，高99厘米

　　明初，政府施行禁阻私人出洋从事海外贸易的政策。随着国内工商业的发展，以及与邻近国家商品交流的扩大，海禁政策已难以维持。隆庆初年，开放海禁，"准贩东西三洋"。于是，中国商品大量出口，海外的货物亦源源流入，包括后来家具业中的硬木。

　　硬木是明清以来对各类优质木材的统称，常见的有紫檀、黄花梨、花梨、酸枝、铁力、乌木、鸡翅木等，主要生长于南洋一带。进入中国以后，这些热带木材很快就被蓬勃发展的家具制造业所吸收。硬木的优点，首先是纹理、色彩的自然美，如黄花梨、鸡翅木等色泽美丽，紫檀、乌木则沉稳庄重，瘿木还可天然生成山水自然之景；第二是木性稳定，加上性能好，抛光面光洁，耐久性强，可以较小的断面制作出精密、复杂的榫卯结构。硬木这些材质上的特点，为明式家具风格的进一步发展提供了物质上的条件。

　　同时，明代文人追求典雅、精致的审美趋向影响到文化艺术及工艺品制作。明人文震亨《长物志》中列举了许多家具品种，沈津为《长物志》作序提到"几榻有度，器具有式，位置有定，贵其精而便，简而裁，巧而自然也"，这正是对当时家具制作和文人的室内陈设风格最恰当的评价。这种审美观成为时尚的追求，于是使用的人多了，就成为社会风尚。

　　传世明代硬木家具精品，大多是明晚期的作品。其总的特点是造型简练、浑圆，比例适度，充分显示出木材的自然美，显得既淳朴厚重又空灵秀丽，典雅清新，造型符合人体的曲线。清雍正、乾隆年间（1723—1795），出现了清代家具自有的风格，但仍有一部分家具是按照明代作风制作的。尤其是清顺治年间（1644—1661），家具的制作者仍旧是明天启、崇祯时期（1621—1644）的工匠，他们的作品当然不改旧规模，对于这种家具习惯上称为"明式家具"。

　　明式家具是中国家具发展史上的高峰，一直以其简洁流畅，备受推崇和赞誉，事实上，明式家具也有华丽的，只是简练的占大多数，它一般没有或少加雕刻以线脚装饰为主，线脚的作用在于美化器身，将锋利的棱角处理得圆润、柔和，收到浑然天成的效果。

　　华丽的明式家具大多是精美的雕刻，或用小构件攒接成大面积的棂门和围子等。特点是雕刻虽多，但做工极精；攒接虽繁，但极富规律性，具有整体装饰效果，给人以富贵气象，而无繁琐的毛病。

　　明代家具产地主要有苏州、北京、山西等地，其中最著名的是苏州，称为"苏作"。苏作家具以硬木为主，而尤以黄花梨居多，民间也有以当地产的榉木制作。其特点是精于选料、配料，造型比例合度，结构科学，榫卯精密，雕刻及线脚处理得当。制作者为节约木料，桌面、柜门等的板心都较薄，固定板心的穿带也多用杂木代替，为防止板心、穿带变形，还将其糊布罩漆使之成为一体。

△ 黄花梨玫瑰椅　明代

△ 黄花梨龙纹方桌　明代

长87厘米，宽90厘米，高90厘米

△ 黄花梨书桌　明代

长95.5厘米，宽43.5厘米，高75.5厘米

△ 黄花梨无束腰瓜棱腿方桌　明代

长84厘米，宽99厘米，高99厘米

　　京作（北京）家具多出自皇家御用监，其工匠多由各地选派，有些就来自苏州，因此，其风格与苏作区别不大，唯用材更为讲究，所有构件均为同一种木料，绝无替代者。除生产硬木器外，还有相当数量的漆家具。

　　晋作（山西）主要为大漆螺钿家具，北京故宫博物院现存的明代大漆螺钿家具多从山西得来，黑漆嵌螺钿花蝶纹架子床、黑漆嵌螺钿花鸟纹罗汉床等即为其中的代表作。

二
明代家具产生的
背景条件和艺术特点

1 | 明式家具产生的背景

　　在明代发达的家具生产过程中，明式家具之所以能脱颖而出，并且由明代中叶相继延续到清初；在江南地区，有更长久的生产年代，这是与其形成的文化背景紧密联系在一起的，是特定历史时期特殊文化环境孕育的结果。

△ 架子床

明式家具的扶手椅中，有一种搭脑两端和扶手前端都"不出头"的椅子，北方称它为"南官帽椅"。这种椅子造型委婉、精致、温文尔雅，给人们的感受十分隽永、大方，富有一种"书卷气息"。这种扶手椅的早期产品，几乎均出自苏州工匠之手，在苏南地区都称它为"文椅"，传说明清的诗人和画家，在他们的书斋画室中，都喜欢安置这种文椅，这一椅子的名称也许就是由此而产生的。可见，明式家具的形成与文人对家具的殊爱好和参与有着不可分割的密切关系。

△ 架子床（局部）

明清江南私家园林，是中国历史上独特的一种居室文化现象，它是当时文人直接或间接参与设计和建造的一种生活环境，其追求的是"简远""疏朗""雅致""天然""高逸"的审美情趣，因此，学术界都把它称之谓"文人园林"。与此一样，对于园林室内使用和陈设的家具，也会有着特殊的追求和标准，有着他们自己的意匠和创造。这在明末出身于"簪缨世族"，"冠冕吴趋"的贵胄子弟文震亨写的《长物志》中，就有具体详细的记述。该书除了把文人的雅逸作为园林总体规划，直到细节处理的最高指导原则之外，对宅园中所有的各种家具，如床、榻、书桌、壁桌、方桌、椅、杌、凳、交椅、床、台几、天然几、橱、架、佛桌、箱、屏、禅椅、弥勒榻、脚凳等，也依据文人的志趣和美学观念，一一地进行评述和要求，以求通过各种家具在满足日常物质生活需要的同时，又满足他们精神生活

△ 架子床（局部）

的需要。因此，他们提倡家具在造型和装饰上应古朴、典雅、脱俗；制造工艺要一丝不苟，精致考究，反对一味采用雕刻和漆绘；这样在休闲、谈古论今、鉴赏书画、陈设古代铜器和水石盆玩，或饮食、或小憩时均能无处不尽人意，感到十分舒适、惬意。《长物志》中对家具的种种主张，正是明式家具艺术上反映的特色。显而易见，以苏州为中心的江南古典园林所标志的文化特征，与明式家具艺术风格的形成都是文人们精心创造的结果，是中国士大夫精神在物质文化中的深刻表现。

△ 黄花梨大柜　明万历

　　另据徐沁《明画录》著录，明代画家有八百余人，苏州一地，即占一百五十余人，松（江）、常（熟）、太（仓）三地可纳入吴门画派的也有一百六十人左右。就画家人数论，当时吴门画派声势浩大，影响深广。在中国古代绘画史上，吴门画派乃是文人画之正宗，作者均集诗、书、画三位一体，崇尚所谓"吴趋"，以高隐为乐，寄情山水。其画风更是怡情潇洒，宁静清寂，格调自在，意境高远。所以，无论从艺术品性还是从文化含蕴上，都对吴地家具起着潜移默化的影响。我们从明四家最显才华的唐寅《韩熙载夜宴图》临本中，也会发现，他除对原作的家具，作出局部修改之外，竟在图中又增绘了二十余件，这充分说明，当时画家和诗人们对造就明式家具所起的特殊作用。

　　现宁波天一阁藏有镶明代云石的条桌一对，据款所记，云石原为吴地顾大典虞山红豆山庄故物，后入徐氏积古斋，以后又转吴中潘祖阴家收藏，乃后藏于范氏天一阁。条桌是否系明代遗物，似不足为信，但云石石质纹理弥漫古朴，气韵生动，是一件品位很高的精品，从张风翼的"云过郊原曙色分，乱山元气碧氤氲，白云满案从舒卷，谁道不堪持寄君"的题诗中，可知云石确曾作过案面。细审之下，在云石面上刻有题记款识等七八处，大都是吴松两地的高才名流，他们咏诗挥毫，足以见出几代书画家及收藏家们乐于此道的精神和情怀。他们的诗情画意，不仅使镶此云石的案桌不再流于一般，而且，正是诗情画意的意蕴，才在明代家具中孕育了"明式"的品质和风格，形成了一代"明式"的家具。

△ 黄花梨三闷户橱　清代

长188厘米，宽52厘米，高86厘米

△ 黄花梨炕几　清代

长74厘米，宽49厘米，高30厘米

△ 黄花梨琴桌　清代

长96厘米，宽36厘米，高65厘米

琴桌由黄花梨制作，桌面攒框镶心，冰盘沿，束腰托腮，夹头榫结构，牙板光素无工，直腿，内翻马蹄足。此琴桌线条流畅，秀丽雅致，端庄古朴，简洁实用。

△ **黄花梨翘头案　清代**

长195厘米，宽43.5厘米，高88厘米

　　此案通体采用黄花梨木。案面镶板，两端有下卷翘头。案面下直牙条，浮雕二龙戏珠纹饰，牙头浮雕螭龙纹，纹饰生动。腿部起灯草线，形成双混面双边线的形制，非常美观。两腿间挡板透雕螭龙纹。下有托泥，带龟脚。

△ **黄花梨凉榻　清代**

长180厘米，宽71.3厘米，高84.3厘米

　　此件凉榻为黄花梨材质，正面与侧面围子用短材攒接成"卍"字图案。床座为标准格角攒边，四框内缘踩边打眼造软屉。边抹冰盘沿上舒下敛至底边缘起线。束腰与直牙条格肩接合方材直腿足，牙子沿边踩倭角线延续边至腿足一气呵成。方材直腿内翻马蹄足。

2 | 明代家具产生的条件

中国古代家具，经宋、元入明，到明代中叶，很快地出现了一个前所未有的黄金时代，究其原因，主要有以下两个方面：

第一，明王朝建立后，一开始就着重恢复与发展农业生产，使社会经济出现了全面上升的趋势，从而，大批工商业城市以及遍布全国各地的市镇，迅速地繁荣昌盛，大大地推动了明代商业贸易和手工业生产的发展，家具制造也在各地普遍地出现欣欣向荣的景象。

如六大古都之一的南京，明永乐以后，虽政治、文化中心北移，但依然一直是"五方辐辏，万国灌输"，"南北商贾争赴"的重要城市。当时城内手工业作坊星罗棋布，据统计，数量多达四万五千余家，或民营或官设，店铺"连廊栉比"；家具制造也形成了独立的"木器"行业，当时主要集中在应天府街之南的"纱库街"，和应天府街之北的"木匠营"。

明代河南省城开封，也是全国繁荣的工商业城市。据《如梦录》记载，全城的店铺有一百四十四种，其中就有木材加工作坊和木器店，不少"胡同"和"街路""俱是做妆奁，床帐，桌椅，木器等"的店铺。当时，城内城外常有定期的庙会或集市，如城隍庙每逢初一、十五有"各处进香，拥挤盈门"的盛会，照壁前，牌坊下，大门口，均商贾云集，有着各式各样的贸易活动。各种货物堆积满地，市场活跃，并且有许多专卖"描金彩漆"和"桌椅、床、橙（凳）、衣盆、大箱、衣箱、头面小箱、壁匮，书橱及零星木器"的。

△ 黄花梨长方桌　明代

△ 黄花梨笔筒　明代

直径14厘米，高14.8厘米

另外，各地凡以商业为中心的省城、府城、州城都是一派热闹繁华的气象，都有家具生产和贸易市场。特别是江南地带，不仅买卖兴旺，更是手工业最发达、最富庶的地区。"上有天堂，下有苏杭"之称的苏州，南宋以后，一直"五方杂处，百货聚汇，为商贾通贩要肆"。明万历时期（1573—1620）有关史籍记载说："苏州为江南首郡，财赋奥区，商贩之所走集，货财之所辐辏，游手游食之辈，异言异服之徒，无不托足而潜处焉。名为府，其实一大都会也。"据吴门画家唐寅在诗中描述，吴中最繁盛

∧ 黄花梨小柜 明代
高53厘米

的阊门，更是"翠袖三千楼上下，黄金百万水西东。五更市贾何曾绝，四远方言总不同"。苏城不仅是全国的丝织业中心，也是布匹织造印染的重要产地，刺绣、裱褙、窑作、铜作、银作、木作、漆作、玉雕、首饰、制扇、印书等皆工艺精良，特色鲜明，家具生产也处于先进地位，如明代小说《醒世恒言》中曾说到一位名叫张权（张仰亭）的木匠，在苏州阊门外开店后，便"去粉墙上写两行大字道：'江西张仰宁，精造坚固小木家伙，不误主顾'"。所谓精造坚固的小木家伙，即指后人所说的"硬木家具"，说明自明代中叶以后，苏州硬木家具生产不仅相当普遍，而且大有制作好手和销售市场，还出现了互相竞争的局面。

明代依靠经济的复苏和发展，城市的极度繁荣，工商贸易和手工业的高度发达，促使家具生产获得了重大的发展。这对明式家具的产生不能不是重要的条件。

第二，据《明史·食货志》载：明宣德时期（1426—1435），全国设有税收机构的大工商业城市就有三十三个，发达的城市经济还直接地推动了城镇建筑规模的扩大，而建筑的快速高涨，又直接加速了家具制造的突飞猛进。

明代的官宦权贵广建高楼，深造宏宅，并四处开设店铺，多至达数百间，数千间。如"嘉靖时期（1522—1567）的翊国公郭勋，仅在北京的店舍就有'几千

余区'"。大官僚严嵩，更是"廊房回绕万间，店舍环垣数里"，在北京、江西两地的第宅房屋，竟多达八千四百余间，这些房屋"务为高大，且过华饰"，正是所谓"峻宇画栋，在在有之"。他们既然建有如此惊人的房产，也会操办有过之而无不及的家当，其中家具的侈求和精美就更毋庸置疑了。

明代，又是中国历史上园林建造最兴盛的时代，特别在苏松两地造园风气极其风靡，据《苏州府志》记载，明朝一代建有第宅园林共271处。遍布江南的古典园林，无论在建筑的使用功能，还是在艺术水平上，都达到引人入胜的程度。每座华屋宅园中，中央纵轴线上都建有门厅、大厅及住房，左右纵轴线上也有客厅、书房和其他住房等，众多讲究的厅堂、楼阁、斋馆，在室内都需要有相得益彰的家具和陈设，故园林建筑的兴盛，对明代家具的飞速发展和水平的提高，又起到了最直接的推动作用。这些也都为明式家具的产生打下了坚实的基础。

△ 黄花梨雕凤纹小平头案　明代

长80厘米，宽49厘米，高118厘米

3 | 明式家具的艺术特点

　　明式家具造型简洁、质朴，以"线"造型的优美形象和不加漆饰，不事雕琢，着意体现天然材质的情趣，充分表现出了明式家具之所以称为"明式"的艺术特色。同时以线造型也是明式家具优美形体的灵魂。首先，各种各样的线条被生动地表现在家具部件轮廓的线型变化上，为明式家具奠定了线条美的造型基础。如椅子的搭脑、桌案的牙条、各类形体的腿足线型，都在相互呼应和富有节奏的组合中表现出强烈的形式感，使家具获得了鲜明的个性形象，明式家具中许多椅子的"S"形靠背曲线，曾被西方科学家誉为东方最美好、最科学的"明代曲线"，在适合人体使用功能的同时，使中国古代家具表现了独具一格的造型特征；被称之谓"马蹄足"与"反马蹄"的腿足形式，也是富有弹性而又程式化的线型，这些"线"都成了"明式"不可缺少的造型语言和形式特征。

　　另外，明式家具以"线"造型的又一特点，还被充分地体现在各种"线脚"上，线脚的变化和运用，使明式家具造型的形象更富有趣味和意韵。类似或相同的家具，由于线脚不同，常常神态风貌也各异，能给人不同的审美享受。中华民族的各种美术，如绘画、书法、雕塑、建筑、装饰纹样等，都用"线"作为造型的主要手段，明式家具继承了民族艺术的这一优秀传统，以家具特有的形式，使明式家具获得了杰出的造型效果和民族式样。

△ 嵌鱼化石小插屏　明代

高45厘米

△ 黄花梨架几　明代

长45厘米，宽45厘米，高87厘米

明式家具的装饰在美学上的价值，与在造物型类学上的成就，同样有着重要的地位。正是各种贵重木材的色泽、纹理、质地的特性，被视觉感知后的理性表现，才在构成视觉形象的要素中，引发了人们丰富的想象力和无限的创造力。自古以来，中华民族对物质自然美的创意，往往到达了理想的境界。古人所谓"丹漆不文，白玉不雕，宝珠不饰，何也，质有余者不受饰也"的准则，以及"和氏之璧不饰以五彩，隋侯之珠不饰以银黄，其质至美"等主张和理论，都无一不是对"材美""自然美"为装饰的崇扬和执著。并且，对于这种美的感情，还蕴藏着更加深刻的含意，如"君子以玉比德"的传统意识，从来就是封建时代文人的一种思想境界。明式家具选用优质硬木，不漆饰，少雕琢，着意润莹光洁的材质和色泽花纹的美丽，也完全是对民族优秀传统精神的发扬光大，是继历代优质美材装饰风格的推陈出新。

△ 紫檀嵌沉香人物故事砚屏　明代

高24.5厘米

△ **金星紫檀夹头榫翘头案 明代**

长126厘米，宽40厘米，高83厘米

△ **紫檀条桌 明代**

长193厘米，宽61厘米，高88厘米

△ 紫檀小翘头案　明代

长37厘米，宽14厘米，高13厘米

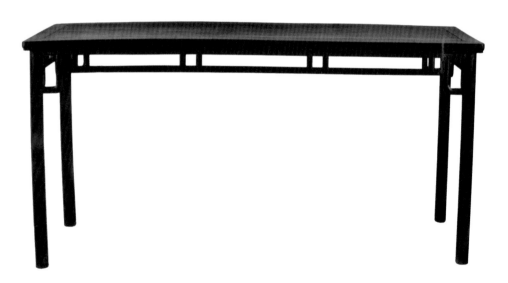

△ 紫檀嵌瘿木独板书桌　明代

长168厘米，宽51厘米，高83厘米

三
明式家具的发展

△ 紫檀大方桌

△ 酸枝木官帽椅

1 | 明式家具的主要特点

　　明式家具是中国古典家具发展史上的辉煌时期，多少世纪以来一直受到人们的赞誉和世界的瞩目，它那严谨科学的制作工艺和古雅简洁的艺术风格给世人留下了深刻的印象和回味，其主要特点如下。

　　第一，明式家具结构科学、制作精良。著名的美国明式家具专家艾先生在总结明式家具榫卯结构方面提出的原则是："非绝对必要，不用木销钉；在能避免处尽可能不用胶粘；任何地方都不用镟制——这是中国家具工匠的三条基本法则。"明式家具具有精良的榫卯结构，构件之间，不用金属钉子固定，全凭榫卯上下左右连接，其攒边技法颇具特色。榫的种类各式各样，有明榫、暗榫、闷榫、燕尾榫、格角榫、半榫、套榫、夹头榫、插勾挂垫榫、棕角榫等。合理地运用结构部件，使它们既起装饰作用，又起加固作用。明代家具与结构紧密相连的装饰如牙子、券口、圈口、档板、卡子花、托泥、矮老、枨子、铜饰件等形式丰富繁多，像牙子就有云纹牙子、站牙、披水牙子、勒水花牙、券口牙子、托角牙子、层式托牙等，枨子有罗锅枨、裹腿枨、十字枨等。

　　明式家具从选料、下料到安装，其各道工艺要求都十分严谨和细致，虽然几乎不用钉胶，但仍严密坚固，装配尺寸和外形准确无误。内部皆批灰挂漆，而看面使用蜡饰工艺，使用苏木水或其他有机颜料调匀底色，罩在打磨光的家具上，使家具整体一致，然后边用家具烘热边把蜡涂上，使蜡质浸入木质内部，再用力擦抹，使家具表面光腻如镜，从而显露出硬质木家具的天然纹理和色泽的美。

　　第二，明式家具用材讲究、古朴雅致。明式家具充分运用木材的木色和纹理，不加修饰。明代由于海禁开放，进口了大量名贵木材。从现有的明式家具中可知明式家具用材、配料非常讲究，明代家具选用的木材主要有紫檀、黄花梨、红木、花梨木、鸡翅木、铁力木、楠木、榉木等，此外明式家具还采用乌木、金丝木、胡桃木、樟木等。这些均属硬质树种，所以又通称硬木家具。这些木材具有质地坚致细腻、强度高、色泽纹理美的共同特点，其木质显露出本身优美的生长肌理和天然色泽。紫檀沉静，黄花梨质朴，红木雅艳，楠木清香，乌木深重，金丝木闪光等。这些木质不加油漆，可以磨光打蜡增辉。明式家具广泛地选用坚致细腻、强度高，色泽纹理美的硬质木材，在制作家具时根据家具本身造型的需要，配用不同质地木材，充分体现木材本色的自然美，以蜡饰表现天然纹理和色泽，浸润了明代文人追求古朴雅致的审美趣味。

　　第三，明式家具设计合理、含蓄圆润。明式家具几乎都是根据人体尺度，经过认真推敲而确定下来的，比例尺度，适合人的坐卧行走高度和范围，设计了适度的比例造型。所以当人们使用这些家具时感到舒适，特别是在家具关键部位的细微设计上更是讲究。人体触及这些家具就会感到柔婉滑润。

△ 金丝楠木翘头几

△ **金丝楠木方柜**

长68厘米，宽38厘米，高100.5厘米

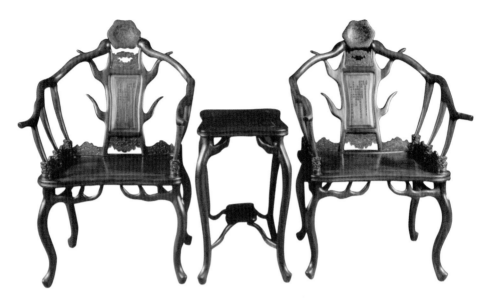

△ 红木鹿角椅（两椅一几）

椅：宽73厘米，深51厘米，高113厘米

几：长50厘米×高40厘米×高71厘米

△ 金丝楠大笔筒

外口径31.9厘米，内口径25.5厘米，高47.4厘米

△ 金丝楠木明式花架

长32.5厘米，宽32.5厘米，高59.5厘米

　　第四，明式家具造型简洁、装饰相宜。明式家具多以框架结构为主，以直线为主，造型多采用直线与曲线相结合的方式，集中了直线与曲线的优点，柔中带刚，虚中带实，造型洗练，不繁琐，不堆砌。为了克服以直线为主的家具的单调，多作成随意的比例和曲线的装饰饰件，装饰在家具的适当部位，如柜类家具上的铜饰件，同时注重家具个别部位的雕饰工艺和家具构件的装饰性，如明代柜架夹角之间的托角牙子、云头牙子；四周边框间的椭圆券口、方圆券门、海棠券口；腿面之间的霸王枨、对角十字枨；边缘轮廓线的线脚等。明式橱柜之类多用金属附件，有合页、锁钥、拉手诸件。多金、银、合金铜所制，光亮不锈，对称布局，单一居中，成双分居边角，有圆月形，如意云形以及拉手圆环、垂叶等。实用而兼装饰，制作精细隽秀，这种雕饰精良的构件以及随意做成曲线的饰件与以直线为主的明式家具简洁造型相适宜，给简洁明快的家具增添风采，对大面积木制家具起到点缀装饰作用。明代的硬木家具最为典型，为世人所推崇所欣赏。明代同时还有漆木家具，或彩漆，或戗金，或描金，或雕漆，或镶嵌，或螺钿等，纹饰题材多以动物、花卉、山水、人物等为题材。

△ 鸡翅木博古架

2 | 明式家具的风格

有关明式家具艺术风格许多专家学者进行过精辟的概括，如当代明式家具研究的著名学者王世襄先生曾用"品"来评述明式家具的特色，得"十六品"曰："简练、淳朴、厚拙、凝重、雄伟、圆浑、沉穆、浓华、文绮、妍秀、劲挺、柔婉、空灵、玲珑、典雅、清新。"

我国明式家具研究的另一位著名学者杨耀先生也曾经讲过："明式家具有很明显的特征，一点是由结构而成立的式样；一点是因配合肢体而演出的权衡。从这两点着眼，虽然它的种类千变万化，而归综起来，它始终维持着不太动摇的格调。那就是'简洁、合度'。但在简洁的形态之中，具有雅的韵味。这韵味的表现是在：外形轮廓的舒畅与忠实；各部线条的雄劲而流利；更加上它顾全到人体形态的环境，为使处处得到适用的功能，而做成随宜的比例和曲度。"

明式家具研究还有一位著名的学者陈增弼先生也说过："一件优秀的家具之所以能被人们喜爱和欣赏，是由于它适用、结实以及由此表现出来的最恰当的形式，也就是说，是由于适用、经济、美观三者的统一。因此，我们在探讨明式家具造型问题时，不想孤立地就形式谈形式，或赋予某件家具以某种抽象的品评：外观是内在目的的反映。我们希望把家具的造型与功能尺寸、结构构造结合起来研讨。明式家具的优美造型表现为：美好的比例，变化中求统一，雕饰繁简相宜，金属饰件的功能与装饰效果的一致，髹饰的民族特色等。"

△ **紫檀蝙蝠托泥平头案**

长150厘米，宽44厘米，高82厘米

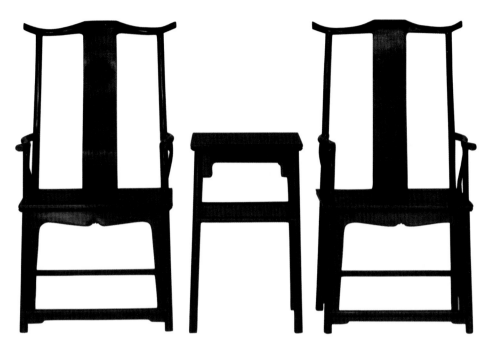

△ **紫檀四出头官帽椅（三件套）**
椅：宽62厘米，深46厘米，高120厘米
几：长50厘米，宽40厘米，高74厘米

　　这些都说明代家具艺术风格，可以用四个字来概括，即古、雅、精、丽。

　　古，是指明式家具崇尚先人的质朴之风，追求大自然本身的朴素无华，不加装饰，注意材料美，充分运用木材的本色和纹理不加遮饰，利用木质肌理本色特有的材料美，来显示家具木材本身的自然质朴特色。

　　雅，是指明式家具的材料、工艺、造型、装饰所形成的总体风格具有典雅质朴、大方端庄的审美趣味，如注重家具线型变化，边框券口接触柔和适用，形成直线和益线的对比，方和圆的对比，横与直的对比，具有很强的形式美。还如装饰寓于造型之中，精练扼要，不失朴素大方，以清秀雅致见长，以简练大方取胜。再如金属附件，实用而兼装饰，为之增辉。总之，明式家具风格典雅清新、不落俗套、耐人寻味，具有极高的艺术品位。

　　精，是指明式家具做工精益求精，严谨准确，一丝不苟。非常注意结构美，在尽可能的情况下不用钉和胶，因为不用胶可以防潮，不用钉可以防锈，而主要运用卯榫结构，榫有多种，适应多方面结构，既符合功能要求和力学结构，又使之牢固，美观耐用。

丽，是说明式家具体态秀丽、造型洗练、形象淳朴、不善繁缛。特别注意意匠美，注重面的处理，比例掌握合度，线脚运用适当，并运用中国传统建筑框架结构，使家具造型方圆立脚如柱、横档枨子似梁，变化适宜，从而形成了以框架为主的、以造型美取胜的明式家具特色，使得明式家具具有造型简洁利落、淳朴劲挺、柔婉秀丽的工艺美。

古、雅、精、丽体现了明式家具简练质朴的艺术风格，饱含了明代工匠的精湛技艺，浸润了明代文人的审美情趣。

3 | 明式家具的卓越成就

在上述特定历史条件和特殊文化背景中形成的明式家具，其显赫的成就首先体现在家具材料的选用上。由于用材的不同，家具的制造技术和方法也就不同，从而促使中国古代家具发生了又一次重大的"类型变化"，为中华民族的传统家具建树起了一座崭新的里程碑，反映了中华民族在人类造物史上作出的巨大努力和贡献。

△ **紫檀仿巴洛克式西洋花扶手椅（三件）**

椅：宽62厘米，深48厘米，高120厘米

几：长62厘米，宽48厘米，高72厘米

众多的传世家具实物告诉我们，优秀的明式家具都以黄花梨、紫檀木、花梨木、鸡翅木、铁力木、红木等优质硬木为主要用材，这些贵重的木材，大都质地坚实细密，花纹清晰美丽，色泽深纯雅洁。硬质木材的这些基本特性和特征，给家具外观带来新的、有趣味的、往往还是非常明显的特色。在南京博物院收藏的一件明万历年间制造的黄花梨书案上（铁力木面心），主人十分真情地刻上了一首"材美而坚，工朴而妍，假面为凭，逸我百年"的诗铭款，为我们提供了前人使用优质硬木家具而获得的一种审美享受。吴地大书法家周公瑕，在他自己使用的一件紫檀木文椅上，也写刻了一首"无事此静坐，一日如两日，若活七十年，便是百四十"的座椅铭。古人面对平常日用的一桌一椅，都能抒发出如此情不自禁的赞叹和感慨，不得不使人们联想到，当优质硬木家具改变着几千年以来漆饰家具在生活中的"传统观念"时，给人们带来的竟是一种无限的精神享受和生命力。所以说硬木家具，不仅仅只为了满足前人日常生活的实用，而且它作为一种造物的发明和创造，表达了人们的志趣和理想，对生活的追求和热爱。

关于硬木家具材质在文氏《长物志》一书中，更有着许多具体的阐述，他一二再三地提倡家具需"以文木如花梨、铁梨、香楠等木为之"，书中提到的家具用材还有紫檀、乌木、花楠、豆瓣楠、赤水木、椤木等；且明确地反对将家具一贯地"施金漆"，"雕龙凤花草"，认为这些"俱落俗套"，只是"以悦俗眼"，故"大非雅器"，"俱不可用"。又据明万历时松江人范濂在《云间据目抄》中记载说："细木家伙，如书桌禅椅之类，余少年曾不一见。民间上用银杏金漆方桌。……隆万以来，虽奴隶快甲之家，皆用细器……纨袴豪奢，又以榉木不足贵，凡床、橱、几桌，皆用花梨、瘿木、乌木、相思木与黄杨木，极其贵巧，动费万钱，亦俗之一靡也。"可见，后来被称之为"明式"家具的"细木家伙"，自明代中叶以后，体现着以家具用材为标志的一种时尚和变革，足以给人们建立起对家具类型用材的全新概念，象征着一个时代的文明。

记载中所说的榉木，是江浙地区民间制造家具的一种主要用材，也称榉木。这种木材质地坚致，色泽明丽，花纹优美。尤其是树龄久长、粗大高直的树材，心材呈红橙颜色，纹理的结构呈排列有序的波状重叠花纹，当地用它来制造家具，应该说是起着开创明式家具用材的先导作用，故在明式家具中最早的有榉木家具，景优秀的也有榉木制造的家具。

明隆庆以后，由于明代长期严禁的海上贸易逐渐松弛，广东、福建地区去南洋各地贸易的商人便日趋增多，浙江、直隶等通番也大批出现，时人丁荐在《西山日记》中称"今之通番者，十倍于昔矣"。当时日益频繁的海上贸易活动，使

△ 紫檀雕云蝠小书柜（一对）

长48厘米，宽35厘米，高172厘米

产于海南与南番等地的贵重硬木，开始源源不断地输入中国内地，从而，在生产椐木家具的故乡，以苏州为中心的江南地区很快地成为明式家具的发源地。从此，给中国传统家具开创了一个新世纪。

在明式家具的用材中，还有花梨木也较常见，它纹理稠密，木质坚实，有一种呈琥珀色调，节痕常常呈现"鬼脸""狸面"花纹，被称其谓"黄花梨"。紫檀木色棕紫或棕红，性冷质重，无疤痕，表面明晶有闪光。鸡翅木花纹美丽，木性温文，因其木纹和色泽好似鸂鶒鸟的羽毛而得名。楠木中的香楠色微紫，纹理呈现自然山水状，其味清香；金丝楠木，木纹有金色丝纹。在明光下有闪色。红木结构细密，纹理清晰而富有变化。这些用材制造的家具，经几百年的使用和流传，大都在表面呈现出一种自然光泽的肌理质感，俗称"包浆亮"，更使得天然材质含蕴丰富，耐人寻味，这种由材质特性产生的效果，增进了明式家具的艺术感染力。

在工艺上与之传统漆饰家具比较，采用硬木制造的家具，最为突出和重要的还是木工的加工和制造。明式家具是在明代继宋、元以来建筑装修小木作工艺的基础上，将木工榫卯结构和制作技术进一步发展到了登峰造极的地步。从而，明式家具运用，被外国研究者们视为奇迹般的形体框架结构和接合方法，创造出了实用与美观、科学与艺术相结合的举世瞩目的中国古代家具的民族式样。

△ 红木嵌镙钿炕几

长75.5厘米，宽37.5厘米，高27.5厘米

在形体上，明式家具运用榫卯接合和框架结构，获得了相辅相成的效果，框架结构是榫卯接合的内容和依据，榫卯接合的方法是形体结构存在的条件和形式，在完善的造型实体上，它们相互依存，协调统一，共同建构了完美的艺术形象。这种关系，也是人们认识物质内部构造和体现视觉形式观念的升华和统一，是对硬木物质性能的应用能力和表现能力的体现。当人们看到几十种不同榫卯的功能时，呈现在你面前的不仅仅是用作制造的工艺手段，而且是种种揭示形体内在规律性的特殊语言，是建构形体赖以存在的一种结构体系。这种体系既具有实用功能性，又有视觉审美性，是一个民族几千年来的文化积淀和智慧结晶。正因为这样，明式家具的成就才赢得了世人的崇敬和赞扬。

明式家具形体构造的具体组成方法，我们可以归纳为两种主要方式，一种是由四足立木作均衡支撑，以边框、横档作连接，组合构成实体的特定框架；另一种是分取两足接合横档作过渡，然后再与边框或横材等组成四方的形体框架。被构成的框架都能达到空灵轻巧，坚实牢固，表现出木材构成属性的本质；同时在制作过程中又能灵活方便，使几十根长条短干的部件有条不紊共奏协律。

△ 海南黄花梨攒靠背出头圈椅（三件）

座面：宽61厘米，深48.5厘米，高97厘米

茶几：长47.5厘米，宽41.5厘米，高70.5厘米

△ 红木镶黄杨象牙文档椅

　　也有人认为，明式家具的结构可以分别归属于"大木构架"和"壸门台座"两个系统，两大渊源。其实，汉唐家具的台式构造，经宋元时期的演进和改革，台座形式已逐渐扬弃而导致了结构上的很大差异。在明式家具中，不管是直足圆腿的，还是马蹄足方腿的；不管足门案式，还是四面平式，或者鼓腿彭牙式；也不管家具是否有束腰，以及底足是否有托泥等构造，形体的结构都在运用"建筑大木梁架"的基本原理中，实现了自身完善的构造系统。我们不难发现，中国古代建筑框架并不直接完成造型的全体，经常需要通过组合联络的形式来表达功能所要求的序列性和完整性。表现形体实用的组合空间；而明式家具恰恰在框架的构成中，同时实现了造型的独立性，形体构成与式样之间全部依靠框架的自立和完备来完成所需的功能作用。显而易见，这是中国明式家具在实现功能的同时，承继梁架结构的作法，以创造性的结构语言造就了一个崭新的艺术类型，而且除了很少的例外，这种框架对家具的造型几乎有着不可被改变的意义和永久性的价值。

四
明代家具的主要种类

　　明式家具品类非常齐全，坐卧家具有：木榻、架子床、拔步床、罗汉床、灯挂椅、圈椅、宝椅、交椅、南官帽椅、四出头官帽椅、靠背椅、玫瑰椅、方凳、条凳、鼓墩等。置物类家具有：炕几、茶几、香几、书案、平头案、翘头案、架几案、琴桌、供桌、方桌、八仙桌、月牙桌等。储藏类家具有：闷户橱、书橱、书柜、衣柜、圆角柜、方角柜、连二柜、四件柜、书箱、衣箱、百宝箱等。支架类家具有：灯台、花台、镜台、衣架、书架、百宝架、盆架、巾架等。屏蔽类家具有：座屏、曲屏等。明式家具品类之丰富前所未有。由于明代建筑的发展，室内陈设又分厅堂、居室、书房、祠庙、亭阁等，加之明式家具品类日益齐备，所以家具品种的功能区域性划分日趋明显。受建筑纵轴线上对称式院落式布置的影响，室内陈设布置多采用成套的对称方式，以临窗迎门、桌案和炕为布局中心，配以成组的几、椅、柜、橱、书架等对称摆设，使桌与椅凳、几与椅凳等配合使用成为固定格局。

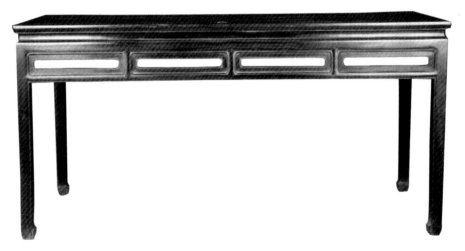

△ 红木大画案　明代

1 ｜ 明代家具中的床和榻

（1）架子床

架子床，是明代非常流行的一种床，通常是四角安立柱、床顶、四足，除四角外在正面两侧尚有二柱，有的为六柱，柱子上端承床顶，因为像顶架，所以称架子床。有月洞式门架子床、带门围子架子床、带脚踏式架子床等，种类繁多。一般为透雕装饰，如带门围子架子床，正面有两块方形门围子，后、左、右三面也有长围子，围栏上楣子板，四周床牙都雕饰有精美的图案。架子床造型好像一座缩小的房屋一样，床的柱杆如同建筑的"立柱"：床顶下周围有挂檐（又称楣子），很像建筑中的"雀替"；床下端有矮围子，其做法图案纹样像建筑的柱及栏杆。整个架子床从立面看如建筑的开间，所以说整个床的造型酷似一座缩小的房屋。

△ **黄花梨簇云纹三弯腿六柱式架子床　明代**

长230厘米，宽155厘米，高222厘米

△ 黄花梨圈椅（一对） 明代

宽60厘米，深45厘米，高97厘米

△ 黄花梨四出头玫瑰椅（一对） 明代

宽54厘米，深42厘米，84厘米

△ **黄花梨雕双螭龙方台　明代**

长48.5厘米，宽48.5厘米，高140厘米

△ 黄花梨雕麒麟圈椅　明代

（2）拔步床

拔步床为明代晚期出现的一种大型床。拔步床自身体积庞大，结构复杂，从外形看好似栋小屋子。由两部分组成，一是架子床，二是架子床前的围廊，与架子床相连，为一整体，如同古代房屋前设置的回廊，虽小但人可进入其中，人跨步入回廊犹如跨入室内，回廊中间置一脚踏，两侧可以放置小桌凳、便桶、灯盏等。这种床式整体布局所造成的环境空间犹如房中又套了一座小房屋。又由于地下铺板，床置身于地板之上，故又有踏板床之称。拔步床的兴起实与明代士大夫阶级豪华奢侈生活习尚有关。明代晚期，官吏腐败，他们平时以侈靡争雄，高筑宅第，室内布置出现了房中套房现象，像明刊本《烈女传》中插图就有这种房子的结构，其与拔步床房中有床的结构形式是相一致的。明代晚期出现拔步床有其深刻的社会根源。有廊柱式拔步床，为拔步床的一种早期形态。围廊式的拔步床，为一种典型的拔步床。

这种家具多在南方使用，因南方温暖而多蚊虫，床架的作用是为了挂帐子。上海潘氏墓、河北阜城廖氏墓、苏州虎丘王氏墓出土的家具模型都属于这一类。北方就不同，因天气寒冷，一般多睡暖炕。即使用床，为达到室内宽敞明亮，只须在两侧和后面安上较矮的床围子就行了。

（3）罗汉床

罗汉床是指一种床铺为独板，左右、后面装有围栏但不带床架的一种榻。早期罗汉床特点是五屏围子，前置踏板，有托泥，三弯腿宽厚，截面呈矩尺形。中期床前踏板消失，三弯腿一改其臃肿之态，腿足出现兽形状。到晚期仅三屏，这种罗汉床床面三边设有矮围子，围子的做法有繁有简，最简洁质朴的做法是三块光素的整板，正中较高两侧稍矮，有的在整板上加一些浮雕图案，复杂一些的是透空做法，四边加框中部做各式几何图案花纹，如万字、十字加套方等，其形式如建筑的档板。不设托泥，三弯腿变成了马蹄足。根据出土的明器和传世的罗汉床早中晚可分五围屏带踏板罗汉床、五围屏罗汉床、三围屏罗汉床，这种榻一般陈设于王公贵族殿堂，给人一种庄严肃穆之感觉。

明、清两代皇宫和各王府的殿堂里都有陈设。这种榻都是单独陈设，很少成对，且都摆在正殿明间，近代人们多称它为"宝座"。宝座与屏风、香几、香筒、宫扇等组合陈设，显得异常庄重、严肃。

大罗汉床不仅可以躺卧，更常用于坐。其正中放一炕几，两边铺设坐褥、隐枕，放在厅堂待客，作用相当于现代的沙发。榻上的炕几，作用犹如现代的茶几既可依凭，又可放置杯盘茶具。可以说，罗汉床是一种坐卧用具的家具。也可以说在寝室曰"床"，在厅堂则曰"榻"。

△ 黄花梨鸡笼柜　明代

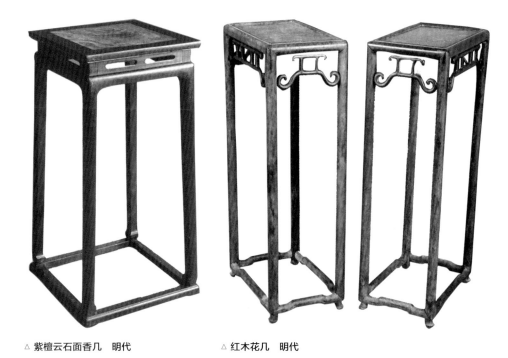

△ 紫檀云石面香几　明代　　　　　　　△ 红木花几　明代

　　另外，在元、明两代，也有少数人使用无围床榻，其目的在于模仿古意，应视为宋代遗俗，也是厅堂中较讲究的家具。

2 ｜ 明代家具中的椅和凳

　　椅子是高型家具的典型代表，经过宋元时期的发展，到明代时椅子不论在制作技术方面，还是在品类方面皆达到了前所未有的水平。假如我们通过明式座椅这一物质对象来研究凝结于其中的文化内涵的话，不难发现明式座椅不是一种简单的抽象化实体，而是一种复杂的情感表现，一种传统上文化和地位的表征。特别是明式座椅因为与明代文人生活如琴棋书画、座谈会友等非常紧密，所以往往又融合了文人的思想观、价值观和艺术观。以太师椅为例所反映的是封建意识的秩序感，即正襟危坐的士大夫式坐姿，指向儒家恪守的伦理准则，表明的是一种对功利效益的认同，一种合乎儒学规范的抉择，一种凝固的家具造型式样。

　　因为明式座椅具有强烈的中华民族文化特色，有着其高度的工艺价值和艺术价值，成为中华民族的精粹，所以在国际上备受人们青睐。

　　为了让更多的家具收藏爱好者了解明式座椅的风貌，现将其分为扶手椅、靠背椅及交椅、坐墩、圈椅等分述如下：

　　（1）扶手椅

　　扶手椅样式也很多，大致分四出头官帽椅、南官帽椅、屏背椅、玫瑰椅、宝座、圈椅等，并常与茶几配合成套，以四椅二几置于厅堂的两侧对式陈列，在明式座椅中有一种最典型和富有民族传统特色的扶手椅，称为"官帽椅"，学术界一般认为是由于像古代官吏所戴的冠帽式样而得名的，所以座椅的搭脑形式有所谓"纱帽翅式""古代的冠帽式样很多，但为一般人所熟悉的是在画中和舞台上常见的，亦即明王圻《三才图会》中附有图式的幞头。幞头有展脚、交脚之分，但不管哪一种，都是前低后高，显然分成两部。倘拿所谓官帽椅和它相比，尤其是以椅子的侧面来看，那么扶手略如帽子的前部，椅背略如帽子的后部，二者有几分相似。"官帽椅又进一步分为两种，一种是搭脑和扶手都出头的称为"四出头官帽椅"，另一种是四处无一处出头的称为"南官帽椅"。但也有学者通过调查得出结论：将搭脑出头而扶手不出头的"二出头"扶手椅命名为"官帽椅"，将搭脑和扶手都出头的扶手椅称"四出头扶手椅"，而四处都不出头的称之为"文椅"。

△ 紫檀雕西洋花纹八仙桌扶手椅（三件）

椅：宽62厘米，深48厘米，高120厘米

几：长87厘米，宽87厘米，高81厘米

　　四出头官帽椅中的所谓"四出头"是指：椅子的"搭脑"两端出头、左右扶手前端出头。其标准的式样是后背为一块靠背板，两侧扶手各安一根"联帮棍"。这种四出头式椅一般用黄花黎木制成，是我国明式家具中椅子造型的一种典型款式。如中央工艺美术学院收藏的黄花梨四出头官帽椅，座椅的搭脑形式为弓形，真像所谓"纱帽翅式"，两扶手依附着人的手臂自然呈弧度向前弯曲，整个椅背依据人体工程学设计，按照人体脊背自然曲线作成。座屉为藤棕，有一定的弹性，凡是与人体接触的部位尽可能磨成圆头，做得含蓄而圆润，而不锋芒毕露，使人感到柔婉滑润和心情轻快。

　　南官帽椅的造型特点是在椅背立柱与搭脑的衔接处做成软圆角，做法是由立柱作榫头，搭脑两端的下面作榫窝，压在立柱上，椅面两侧的扶手也采用同样做法。背板作成"S"形曲线，一般用一块整板做成。

　　明末清初出现木框镶板作法，由于木框带弯，板心多由几块拼接，中间装横枨。面下由牙板与四腿支撑坐面。正面牙由中间向两边开出壸门形门牙。这种椅型在南方使用较早，以花梨木制最为常见。

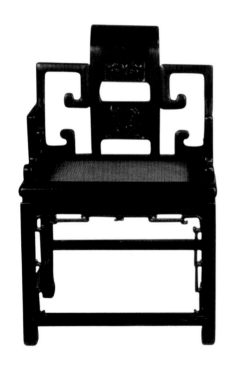

△ **红木雕花卉扶手椅（一对）　清代**

宽59厘米，深48厘米，高90厘米

　　此外明式座椅中还有屏背椅，所谓屏背椅是指把后背做成屏风式的靠背椅。常见的有"独屏背"和"三屏式"等，是明式家具的一种式样，至清代其体形较大，又称"太师椅"。玫瑰椅的特点是后背与扶手高低相差不大，比一般椅子的后背低，便于靠窗台陈设使用时而不致高出窗沿。常见的式样是在靠背和扶手内部装券口牙条，在靠背和扶手下装横枨，中安短柱或结子花。也有在靠背上作透雕，式样较多，别具一格，是明式家具常见的一种椅子式样。

　　（2）靠背椅

　　靠背椅是只有后背而无扶手的椅子，分为一统碑式和灯挂式两种。一统碑式的椅搭脑与南官帽椅的形式完全一样；灯挂式椅的靠背与四出头式一样，因其两端长出柱头，又微向上翘，犹如挑灯的灯杆，因此名其为"灯挂椅"。一般情况下，靠背椅的椅形较官帽椅略小。在用材的装饰上，硬木、杂木及各种漆饰等尽皆有之，特点是轻巧灵活，使用方便。

△ **红木雕云龙靠背椅（一对）　清中期**

宽53.8厘米，深42厘米，高90.5厘米

靠背椅由于搭脑与靠背的变化，常常又有许多式样，如单靠椅、灯挂椅、梳背椅等。单靠椅也称"一统碑"椅，言其像一座碑碣，南方民间亦称"单靠"。明式灯挂椅比宋代的灯挂椅更注重装饰结构的局部变化，如运用矮老、罗锅枨、霸王枨、托角牙子、步步高等手法，整个造型简洁清秀，是明式家具中的典型代表。而梳背椅则是指椅靠部分用圆梗均匀排列的一种靠背椅。

明式家具最大的特点就是功能设计合理，而且注重人体尺度，尤以明式靠背椅最为典型。众所周知功能的实用性是一切家具的基本属性。家具的结构和形式设计在考虑最完美式样之前，首先必须满足人们生活的某种使用要求。对此陈增弼先生曾以黄花梨靠背椅为例进行过精辟的论述。他引用杨耀先生早年对此椅作过的测绘，说明此靠背椅的各项尺寸与现代椅子几乎完全一样，从而反映出明式家具在确定各种关键尺寸时是以人体尺度作为依据的。在明式靠背椅出现以前的靠背椅的靠背大多没有曲线，为平直形，而明式靠背椅上的靠背不是直角，而是有一定的倾斜度和曲线，那么明式椅的靠背倾角和曲线充分体现了其科学性。

"椅子靠背应有适宜的背倾角和曲线，在今天看来是很平常的，但从家具发展史上考察，则可以看到，根据人体特点设计椅类家具靠背的背倾角和曲线，是明代

△ **海南黄花梨独板靠背圆头圈椅（三件）**
座面：宽61厘米，深48.5厘米，高97厘米
茶几：长47.5厘米，宽41.5厘米，高71厘米

匠师的一大创造。人体脊柱的侧面，在自然状态时呈'S'形。明代匠师根据这一特点，将靠背作成与脊柱相适应的'S'形曲线；并根据人体休息时的必要后倾度，使靠背具有近于一百度的背倾角。这样处理的结果，人坐椅上，后背与椅子靠背有较大的接触面，肌肉就得到充分的休息，因而产生舒适感。坐不易感到疲乏。"

（3）交椅

明代交椅基本上保留着前代形制。有圆背交椅和直背交椅之分，不过这时直背交椅较前代少见。交椅靠背和扶手是三节或五节榫接而成的曲线椅圈，非常流畅。并有光洁的背板，两足相交，并且有脚踏。直背交椅是一种没有扶手、靠背为直板的交椅。即汉末北方传入的胡床，形制为前后两腿交叉，交接点作轴，上横梁穿绳代档。于前腿上截即坐面后角上安装弧形栲栳圈，正中有背板支撑，人坐其上可以后靠。在室内陈设中等级较高。交椅不仅陈设室内，外出时亦可携带。宋、元、明乃至清代，皇室官员和富户人家外出巡游、狩猎都携带交椅。明《宣宗行乐园》中就绘有这种交椅挂在马背上，以备临时休息之用。由于交椅适合人体休息需要、故而历经千余年，形式结构一直没有明显变化。

△ **紫檀龙纹嵌黄铜交椅（一对）**

宽62厘米，深40厘米，高106厘米

（4）圈椅

圈椅俗名罗圈椅，圈背连着扶手，背板微向后仰，上半部保存着交椅的形式，下半部和普通椅子一样，莲面用丝绳或藤皮编织，也有硬心的，一般以硬木本色居多，背板中心有一组简单图案，通体无雕饰。明清两代的式样无大差别，唯明代两扶手端有在云头上雕花的，匣有的背板上端突出圈外，向后微卷，是比较特殊的样子。这种椅子宜于在厅堂中方桌两边成对陈设，或夹较大的方几分两列陈设，或作八字形不靠墙陈设。圈椅造型朴素端庄，靠背和座面也很舒适，可作为制造新家具的参考。

圈椅与交椅椅圈完全相同，交椅以其下面特点而命名，圈椅则以其面上特点而命名。严格说来，交椅应属圈椅的一种，但由于圈椅的出现晚于一般交椅，故列于后。圈椅是由交椅演变而来。交椅的椅圈白搭脑部位伸向两侧，然后又向前顺势而下，尽端形成扶手。人在就坐时，两手、两肘、两臂一并得到支撑，很舒适，故颇受人喜爱，所以逐渐发展为专在室内使用的坐椅。由于在室内陈设相对稳定，无须使用交叉腿，故而采用四足，以木板作面，和一般椅子的座面无大区别，只是椅的上部仍保留交椅的形式。在厅堂陈设及使用中大多成对，单独使用的不多见。

△ 花梨圈椅（一对） 清代
宽60厘米，深46厘米，高92厘米

△ **紫檀托泥圈椅（三件）**
座面：宽63厘米，深50厘米，高100.5厘米
几：长54厘米，宽45厘米，高72厘米

　　圈椅的椅圈多用弧形圆材攒接，搭脑处稍粗，白搭脑向两端渐次收细。为与椅圈形成和谐的效应，这类椅子下部腿足和面上立柱采用光素圆材，只在正面牙板正中和背板正中点缀一组浮浅简单的花纹。

　　明代晚期，又出现一种坐面以下采用鼓腿彭牙带托泥的圈椅。尽管造型富于变化，然而四根立柱并非与腿足一木联作，而系另安，这样势必影响椅圈的牢固性。明代圈椅的椅式极受世人推重，论等级高于其他椅式。

　　圈椅在明代还有"太师椅"的别称。"太师椅"这个名称最初始于南宋初年，是从秦桧时兴起的，也是中国唯一一种以官衔命名的家具。

　　太师椅在宋代是交椅中的一种。据史书记载，宋代有个叫吴渊的京官为奉承当时任太师的大奸臣秦桧，出主意在秦的交椅后背上加了一个木制荷叶形托首，时称"太师样"。此后仿效者颇多，遂名"太师椅"。

明代，这种交椅被美观大方的圈椅所取代，又将圈椅称为"太师椅"。至清代又将所有的扶手椅都称为"太师椅"。这显然是不妥的，况且清代并无"太师"之官名。因此，明代称圈椅为太师椅，是对圈椅的又一美称，清代将所有的扶手椅称为太师椅，则是民间的俗称而已。

此外还有轿椅，和圈椅的制作一样。唯座面离地很矮，是为了加上底盘，穿上轿杆，抬起来行走的，但也有摆在内室的。靠背后仰角度较大，座心软，可以单独放在床前或其他角落。

太师椅和床式椅的形式相似而尺寸较小，并且是成对的。椅背基本是三屏风式，有两扶手，椅面多为方形，也有抹角的。北京故宫博物院所藏多数是清代制作，而精品多是康熙至乾隆时期的。乾隆年间所制尤精，取材包括紫檀、花梨、乌木、鸡翅、红木、桦木、楠木、棕竹等。有些式样特殊，花纹新颖，并向铜器、玉器、织绣等方面吸取材料，加以创造，使它适合于坐具的格局，花纹刀法圆熟，磨工光润。还有镶瓷、镶玉、镶珐琅和镶另一种木雕花以及黑漆描金等作法，都是乾隆年间的特色。这种椅子有和方桌成一套的，有和匝床、茶几成一堂的，式样花纹都彼此照应。以靠素墙衬托最佳，若靠装饰性很强的隔扇，即不大相宜。

（5）玫瑰椅

宋代名画中时有所见，实际上是南官帽椅的一种。明代这种椅子的使用逐渐增多。它的椅背通常低于其他各式椅子，和扶手的高度相差无几。背靠窗台平设数椅不至高出窗台，配合桌案陈设时不高过桌面。在架几案或条案前紧靠着一套桌椅时，也以玫瑰式椅为最相当。由于这些特点，使并不十分适用的玫瑰椅深受人们喜爱。明代玫瑰式椅多圆足，清代有方足而圆棱者，椅背和扶手为三朵祥云组成。

玫瑰椅多用花梨木或鸡翅木制作，一般不用紫檀或红木。玫瑰椅的名称在北京匠师们的口语中流传较广，南方无此名，而称其为"文椅"。玫瑰椅的名称目前还未见古书记载，只存《鲁班经》一书中有"瑰子式椅"的条目，但是否即今之谓玫瑰椅还不能确定。

（6）坐墩

明式凳子很多，大体有方凳、长条形凳和圆凳。以方凳最多，也称杌凳，它是杌子、凳子的总称。长条凳大的一般称为春凳。明式制作最精美的要数开光式坐墩，它是源于宋代的坐墩。开光，或开四、开五。所谓"开光"是明清家具工艺术语。指为了加强装饰效果，将家具某些部件镂挖成方形、圆形或其他装饰孔

△ **紫檀玫瑰椅（一对）　清代**
宽58厘米，深46厘米，高83厘米

洞，并称这种装饰方法为"开光"，除开圆、开方外常见的还有"菱花洞""双圈洞""鱼门洞"等。明式坐墩上常用这些装饰方法。如承德避署山庄藏明代紫檀开四光坐标墩，高48厘米、面径39厘米、腹径50厘米，开光作圆角方形，在上下彭牙上做出两面三刀道弦纹和鼓钉，既简洁又美观，四足里面削圆，上下用插肩榫，制作细腻，是明代家具代表作之一。

（7）凳

明代的凳子依形制可分为方形、长形、圆形等，具体种类有以下几种：

圆凳。圆凳是杌与墩相结合的形式。虽然也有粗木的，但并不普遍，主要还是比较精致的，四足多作弧形，也有平直的。乾隆年间所制圆凳，又有海棠式、梅花式、桃式、扇面式等，梅花式束腰镶竹丝，制作尤精。

明代圆凳造型略显敦实，三足、四足、五足、六足均有。做法一般与方凳相似，以带束腰的占多数。

无束腰圆凳都采用在腿的顶端作榫，直接承托坐面。它和方凳的不同之处在于方凳因受角的限制，面下部用四腿，而圆凳不受角的限制，最少三足，最多可达八足。一般形体较大，腿足作成绵形，牙板随腿足彭出，足端削出马蹄，名曰

△ **紫檀鼓凳**　**清代**

鼓腿彭牙。下带圆环形托泥，使其坚实牢固。

　　板凳。一般为粗木本色，制作草率，也有楸木所制，加工较细的。榆木擦漆板凳，取材厚重，四足起线，座面下四周加装牙子，两端刻粗线条云纹或如意纹，牙子不仅为美也有加固作用。板凳取携方便，最宜地窄人多处使用，但也有个一般的陈设格局，即一把方桌、四张方凳、两条板凳摆在一起，长板凳中有长方和长条两种。

　　有的长方凳长宽之比差距不大，一般统称方凳。长宽之比差距明显的多称为春凳，长度可供两人并坐，有时也可当炕桌使用。

　　条凳坐面窄而长，可供两人并坐。一张八仙桌四面各放一条长凳是城市酒店、茶馆中常见的使用模式。这类条凳的四腿大多做成四批八叉形，四足占地面积当是面板的两倍以上因而显得牢固稳定。

　　脚凳和滚凳。通常情况下，我们所说的"凳"字，其实最初并不专指坐具，而是一种蹬具。把无靠背坐具称为凳子是后来之事。汉刘熙《释名·释床帐》说："榻凳施于大床之前，小榻之上，所以登床也。"显然是一种上床的用具，也就是我们今天所见的脚踏，又称脚凳。脚凳常和宝座、大椅、床榻组合作用。除蹬以上床或就座外，还有搭脚的作用。一般宝座或大椅坐面较高，超过人的小腿高度，坐在椅上两腿必然悬空，如设置脚凳，将腿足置于脚凳之上，可使人更加舒适。

明代道教养生术中还将脚凳与健身运动结合起来，制成滚凳。道学认为人之足心的涌泉穴是人之精气所生之地，养生家时常令人摩擦，遂创意制滚凳。其形制是在平常脚踏的基础上将正中装隔档分为两格。每格各装木滚一枚，两头留轴转动。人坐椅上，以脚踩滚，使脚底部中涌泉穴得以摩擦，取得使身体各部筋骨舒展，气血流通的效果。

明代高濂《遵生八笺》介绍滚凳说："涌泉之穴，人之精气所生之地。养生家时常欲令人摩擦。今置木凳、长二尺，阔六寸，高如常，四柱镶成，中分一档，内二空中车圆木两银，两头留辆转动，往来脚底，令涌泉穴受擦，无须童子。终日为之便甚。"

方凳。除了普通木材所制以外，还有用紫檀、花梨、鸡翅、红木、楠木等高级木材制造的。座面尺寸不等，式样不一，最大的约有二尺见方，最小的约尺余。或一色木制，或大理石心，或台湾席衬板，硬心，或丝绳藤皮编织软心，四足及边框宽厚稳妥，夏日不施凳套尤其清凉宜人。明代硬木大方凳多半光素，棱角圆润平滑，或有边框四足略作竹节纹的。清乾隆年间所制则花样繁多，并有镶玉、镶珐琅、包镶文竹等装饰。

方凳和方几或方桌可以配合，在室内陈设中，次于椅子，譬如以北为上首，则方凳方桌的一份陈设，多在旁边或下方，或依窗而设。散置时，多分置隔扇两旁或靠落地罩后炕两旁，或置屋角。

以上是对明代的椅凳普遍性的介绍，这些椅凳，在各地博物馆和私人收藏家手中有很丰富的实物。

3 | 明代家具中的桌、案、几

桌子有两种形式，一种有束腰，一种无束腰。

有束腰桌子是在桌面下装一道缩进面沿的线条，犹如给家具系上一条腰带，故名"束腰"，束腰下的牙板仍与面沿垂直。

束腰有两种做法，一种低束腰，一种高束腰。

低束腰的牙板下一般还要安罗锅枨和矮老，或者霸王枨。如果不用罗锅枨和霸王枨，则必须在足下装托泥，起额外加固作用。

高束腰家具面下装矮老分为数格，四角即是外露的四腿上载，与矮老融为一体。矮老两侧分别起槽，牙板的上侧装托腮，中间镶安绦环板。绦环板的板心浮雕各种图案或镂空花纹。

高束腰的作用不但美化了家具，更重要的是拉大了牙板与面沿的距离，有效地固定了四腿，因而牙板下不必再有过多的辅助部件。

有束腰家具不管低束腰还是高束腰，在桌子的四足都削出内翻或外翻马蹄，有的还在腿的中间部分雕出云纹翅。这已成为有束腰家具的一个特征。无束腰桌子，即四腿直接支撑桌面，四腿之间有牙板或横枨连接，用以固定四足和支撑桌面。无束腰桌子不论圆腿也好，方腿也好，足端一般不作任何装饰。只有个别的为减少四足磨损而在足端装上铜套的。其主要目的在于保护四足，同时也起到相应的装饰效果。案的造型有别于桌子。突出表现为案腿足不在四角，而在案的两侧向里收进一些的位置上。两侧的腿间大都镶有雕刻各种图案的板心或各式圈口。

案足有两种作法，一种是案足不直接接地，而是落在托泥上。它又不像桌子托泥那样用四框攒成，而是两腿共用一个长条形的木方子。每张案子须用两个托泥。另一种是不用托泥的，腿足直接接地，在两腿下端横枨以下分别向外撇出。

这两种案上部的作法基本相同，案腿上端横向开出夹头榫，前后两面各用一个通长的牙板把两侧案腿贯通在一起，使腿和牙板共同支撑案面。两侧的腿还有意向外出，以增加稳定性。

还有一种与案稍不同的家具，其两侧腿足下不带托泥，也无圈口和雕花板心，而是在腿间稍上一些的位置上平装两条横枨。有的在左右间的长牙板下再加一条长枨。这类家具，如果面上两端装有翘头，那么无论大小，一般都称为案。如果不带翘头，那就另当别论了。这类家具人们一般把较大的称为案，较小的称为桌子。

（1）方桌

方形桌为桌面呈正方形的桌子，有大小之分和无束腰及有束腰两种。明式家具方桌中最典型式样是"八仙桌""四仙桌"。枨的样式也很多，有罗锅枨、直枨和霸王枨等样式。其中有一种"一腿三牙"方桌，其造型最具特色，为明式家具的典型式样。该桌四条腿中的任何一条都和三个牙子相接，三个牙子即两侧的两根长牙条和桌角的一块角牙，也就是说三个桌牙同装在一条桌腿上，共同支撑着桌面，俗称"一腿三牙"这种方桌不但造型有变化不单调，而且坚实牢固。另有的为圆腿无束腰加矮老罗锅枨方桌，还有的为方腿带束腰加霸王枨方桌，该桌方腿内卷马蹄束腰；用一斜枨，将它安在腿足的内侧，另一端与家具面子底部连接，可把桌面承受的重量产生分力，均衡地传递到腿足上来，俗称"霸王枨"。

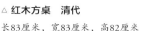

△ 红木方桌　清代

长83厘米，宽83厘米，高82厘米

△ 红木方桌　清代

长88厘米，高88厘米，宽81厘米

　　方桌中还有专用的棋牌桌，多为两层面，个别还有三层者。套面之下，正中做一方形槽斗，四周装抽屉，里面存放各种棋具，纸牌等。方槽上有活动盖，两面各画围棋、象棋两种棋盘。棋桌相对的两边靠左侧桌边，各作出一个直径10厘米，深10厘米的圆洞，用于放围棋子，上有小盖，弈棋时可以盖好上层套面，或打牌，或作别的。平时也可用作书桌，名为棋桌，是指它是专为弈棋而制作的，具备弈棋的器具与功能。实际上它是一种集棋牌等活动于一身的多用途家具。

　　（2）炕桌

　　炕桌：为矮型桌，炕桌也为明式家具中一个重要的内容，使用于床榻之上。一般有束腰，多用托泥，典型样式有外翻马蹄三弯腿炕桌，鼓腿彭牙里翻马蹄式炕桌。所谓"三弯腿炕桌"是指：一般明式家具脚料或圆或方、但有将脚柱在上段与下段过渡处向里挖成弯折形、又向外来个急转弯，腿足有一处凸起的或外翻的足头，苏州工匠称之谓"三弯脚"。所谓"鼓腿彭牙桌"，是指腿自拱肩处彭出后向里挖成弯折形后又向内收，足一般为内翻马蹄形、样式与三弯腿炕桌的上部基本相似。牙板因向外彭出，所以也有人称为"弧腿蓬牙"。

　　（3）琴桌

　　琴桌，在明清两代专用桌案中除棋桌外，还有琴桌。琴桌的形制也大体沿用古制，尤其讲究以石为面，如玛瑙石、南阳石、云石等，也有采用厚木板做面的。还有以郭公砖代替桌面的，因郭公砖都是空心的，且两端透孔。使用时，琴

△ **红木镶大理石琴桌　清代**
长126厘米，宽55厘米，高86厘米

音在空心砖内引起共鸣，使音色效果更佳。

　　还有的在桌面下做出能与琴音产生共鸣的音箱。其做法是以薄板为面，下装桌里，桌里的木板要与桌面板隔出3厘米~4厘米的空隙，桌里镂出钱纹两个，是为音箱的透孔。桌身通体髹饰红漆，以描金手法填戗龙纹图案。

　　（4）长桌、条桌与条案

　　长桌也叫长方桌，它的长度一般不超过宽度的两倍。长度超过宽度两倍以上的一般都称为条桌，分为有束腰和无束腰两种。

　　条案都无束腰，分平头和翘头两种，平头案有宽有窄，长度不超过宽度两倍的，人们常把它称为"油桌"，一般形体不大，实际上是一种似案形体的桌子。

　　较大的平头案有超过两米的，一般用于写字或作画，称为画案。

　　条案，则专指长度超过宽度两倍以上的案子。个别平头案的长度也有超过宽度两倍以上者，也属于条案范畴。翘头案的长度一般都超过宽度两倍以上，有的超过四五倍以上，所以翘头案都称条案。明代翘头案多用铁力木和花梨木制成。两端的翘头案案面抹头一木联作。在北京故宫博物院收藏的家具藏品中，这方面的实例很多。

（5）圆桌和半圆桌

圆桌及半圆桌在明代并不多见，现在所能见到者多为清代作品，也分有束腰和无束腰两种有束腰的，有五足、六足、八足者不等。足间或装横枨或装托泥。无束腰圆桌，一般不用腿，而在面下装一圆轴，插在一个台座上，桌面可以往来转动，开阔了面下的使用空间，增加了使用功能。

半圆桌，一个圆面分开做，使用时可分可合。靠直径两端腿做成半腿，把两个半圆桌合在一起，两桌的腿靠严，实际是一条整腿的规格。在圆桌、半圆桌的基础止，又衍化出六、八角者。使用及做法大体相同，属于同一类别。在清代皇宫及王府园林中，是极常见的家具品种。

（6）翘头案

明式案种类很多，由于案和条形桌在造型上有些相似，人们往往称大型的为案，小型的为桌。严格说案、桌是有区别的，其最大的区别是桌的四腿在桌面四角且成直角，而案的四足不在四角而缩进案面，且多夹头榫，两腿之间多镶有雕刻板心或圈口。案的装饰千变万化，具有特色的为平头案和翘头案，平头案一般案面平整，且四足缩进案面，两档板多为雕刻纹饰。而翘头案案面两端装有翘起"飞角"，如同羊角一般，健壮优美，故称"翘头案"。翘头案的长度一般都超过宽度几倍以上，所以又称"翘头案"为"条案"。明式翘头案多用铁力木和花梨木制成，翘头的两端常与案面抹头联作，并施加精美的雕刻，由于档板用料较其他家具厚，常作镂空雕。

△ 黄花梨翘头案　清早期

长182.5厘米，高40厘米，高84.5厘米

（7）香几

香几是用来焚香置炉的家具。但并不绝对，有时也可它用。

香几大多成组或成对使用。古书中对各种香几的描绘均很详细："书室中香几之制，高可二尺八寸，几面或大理石，或岐阳、玛瑙石，或以骰子柏楠镶心，或四、八角，或方或梅花、或葵花、茨菇，或圆为式，或漆、或水磨诸木成造者，用以阁蒲石，或单玩美石，或置香橼盘，或置花尊以插多花，或单置一炉焚香，此高几也。"

香几的形制以束腰作法居多，腿足较高，多为三弯式，白束腰下开始向外彭出，拱肩最大处较几面外沿还要大出许多，足下带托泥，整体外观呈花瓶式，高度约在90厘米～100厘米。

（8）琴几

琴几是一种弹琴专用的家具，其形制大约沿用前制。因为琴要置于琴几上，为了便于弹琴者弹奏，故此琴几要矮于一般的桌案。有的用郭公砖代替桌面，且两端透孔。使用时，琴音在空心砖内引起共鸣，使音色效果更佳。琴几只用三块板式构成，造型简洁，琴几两端的档板一般各开一椭圆形的亮洞，既减少一块整板给人的厚重和呆板感，也起到了画龙点睛的装饰作用。档板式腿与几面交角处有的有一雕刻纹饰作为角牙，从而丰富了琴几的造型和装饰，具有简洁精致、轻盈秀丽的审美效果。

△ 紫檀回纹琴几
长98厘米，宽31厘米，高76厘米

△ 红木琴几

（9）矮几

矮几是一种摆放在书案或条案之上用以陈设文玩器物的小几。这种几，由于以陈设文玩雅器为目的，故要求越矮越好。常见案头所置小几，以一板为面，长二尺，阔一尺二寸，高仅三寸余，有的还嵌着金银片子。几面两端横设小档两条，用金泥涂之，面下不宜用腿，而用四牙。

（10）蝶几

蝶几又名"七巧桌"或"奇巧桌"，是依据七巧板的形状创意而成的，由七件形态各不相同的几子组成。为了使用方便，把个别形态的做成双件，这样说不只七件，多者可达十三件。这七种几子的面板，其比例尺寸都要互相协调，有着极其严格的比例尺度，它比宋代发明的宴几更为新奇。它不仅可拼方形、长方形，还能拼成犬牙形，这在园林建筑的陈设中，可谓别具一格。

4 | 明代家具中的柜子及箱子

柜类家具在明代种类也很多。一般形体较高大，大体分横式和竖立式立柜两种。竖式立柜较典型的有亮格柜、圆角柜、方角柜、四件柜等。横式矮柜也称矮柜，统称高不过宽的立柜为矮柜，其高大多在60厘米以下，包括钱柜、箱柜、药柜等。

（1）圆角柜

圆角柜的四框和腿足用一根木料做成，顶转角呈圆弧形，柜柱脚也相应地做成外圆内方形，四足"侧脚"，柜体上小下大作"收分"。对开两门，一般用整块板镶成。一般柜门转动采用门枢结构而不用合页。因立栓与门边较窄，板心又落堂镶成，所以配置条形面叶，北京工匠又称其为"面条柜"，是一种很有特征的明式家具。如中央工艺美术学院收藏的圆角柜，制作精美，是明式家具中的一件典型作品。

（2）方角柜

方角柜的柜顶没有柜帽，就像帽子没有帽檐样，故不喷出，四角交接为直角，且柜

△ **海南黄花梨透格圆角柜**

长76厘米，宽45厘米，高160厘米

体上下垂直，即上下一样宽，柜门一般采用明合页构造，简称"立柜"。小型的方角柜，又称其为"一封书"式立柜。

（3）四件柜

　　两组顶竖柜的联体称作四件柜，有的可分开使用，有的连在一起。分开使用称顶竖柜。所谓顶竖柜，就是由底柜和顶柜两部组成，底柜的长宽与顶柜的长宽相同，所以称其为"顶竖柜"。因顶竖柜大多成对在室内陈设，因为它是由两个底柜和两个顶柜组成，如果分开来共有四件，因而又名"四件柜"。如中央工艺美术学院收藏的门芯四件柜，有铜合页、铜面叶、铜吊牌和腿下的铜包脚，装饰非常美丽。

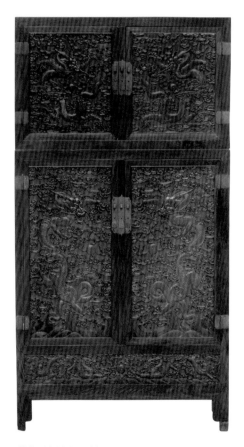

△ 黄花梨龙纹大四件柜

长159厘米，宽63厘米，高287厘米

（4）亮格柜

亮格柜的亮格是指没有门的隔层，柜是指有门的隔层，故带有亮格层的立柜，统称"亮格柜"。明式亮格柜通常下层为柜，对开，内有分格板，即为柜的功能，上层是没有门的隔层，为两层空格，内中存放何物一目了然。正面有挂牙子装饰，具有书格的作用，没有门的隔层与有隔层的中间还有抽屉，又为橱的功能，是明式家具中一种较典型的式样。

另外明式书格，具有亮格柜的功能，专放书类物品。其形制大多正面不装门，两侧和后面也多透空。

（5）闷户橱

明代橱类家具也很发达，常见的有衣橱、碗橱等。比较有特点的有闷户橱。它是一种具备承置物品和储藏物品双重功能的家具，外形如条案，与一般桌案同高，其上面作桌案使用，所以它仍具有桌案的功能。桌面下专置有抽屉，抽屉下还有可供储藏的空间箱体，叫作"闷仓"。存放、取出东西时都需取出抽屉，故谓闷户橱，南方不多见，北方使用较普遍。闷户橱设置两个抽屉的称连二橱。闷户橱设有三个抽屉的称连三橱。闷户橱设有四个抽屉的称连四橱。此类家具非常具有实用价值，为大多数人所喜爱。此外明式橱柜也很有特点，为橱柜结合起来的家具，形制也与桌案相同。

△ 黄花梨三闷户橱　清代

长188厘米，宽52厘米，高86厘米

（6）官皮箱

明式箱既保留着传统的样式，但不论在造型或装饰上都有所创新。种类也在不断增加，有大到衣箱、药箱，小到官皮箱、百宝箱。为家居中必不可少的储藏类家具。装饰手法也很丰富，有剔红、嵌螺钿、描金，且多数有纪年。有传统式上开盖的衣箱，正面有铜饰件和如意云纹拍子、蛐蛐等，可上锁。为了便于外出携带和挪动，故一般形体不大，且装有提环，上锁，拉环在两侧。大体积的有明代万历年间龙纹黑漆描金药柜，为明代描金漆器中的一件珍品，现藏北京故宫博物院。明代有特色的为带屉箱，该箱正面有插门，插门后安抽屉，体积较大。明代宫廷大都采用此种高而方的箱具，与房内大床、高橱、衣架、高脸盆架等彼此协调，融为一体。

明式小体积箱类家具中尤其设计巧妙的要数官皮箱。它形体不大，但结构复杂，是一种体积较小制作较精美的小型家具，它是从宋代镜箱演进而来的，其上有开盖，盖下约有10厘米深的空间，可以放镜子，古代用铜镜，里面有支架，再下有抽屉，往往是三层，最下是底座，是古时的梳妆用具。抽屉前有门两扇，箱盖放下时可以和门上的子口扣合，使门不能打开。箱的两侧有提环，多为铜质。假若要开箱的话，就必须先打开金属锁具，后掀起子母口的顶盖，再打开两门才能取出抽屉，这便是官皮箱的特点。官皮箱适合存放一些精巧的物品，如文书、契约、玺印之类的物品。这种箱子除为家居用品之外，由于携带方便所以也常用于官员巡视出游之用，所以也称为"官皮箱"。它不但是明代常用的家具，同时也是清代较为常见的家具。

△ 金丝楠木官皮箱

长54厘米，宽27.3厘米，高26厘米

5 | 明代家具的支架

明式支架类家具非常发达，制作装饰也很精美，有衣架、盆架、镜架、灯架等，其中明式盆架一般与巾架结合起来使用。盆架是为了承托盆类器皿的架子，分四、五、六、八角等几种形式，也有上下为米字形的架子，架柱一般为六柱，分上下二层可放盆具。上部为巾架式，上横梁两端雕出龙戏珠或灵芝等纹饰，中间二横枨间镶一镂雕花板或浮雕绦环板，制作非常精美，明式衣架尤其更甚。一般下有雕花木墩为座，两墩之间有立柱，在墩与立柱的部位有站牙，两柱之上有搭脑两端出挑，并作圆雕装饰，中部一般有透雕的绦环板构成的中牌子，凡是横材与立柱相交之处，均有雕花挂牙和角牙支托。明式灯架中除固定式灯架外，还出现了一种升降式灯架，设计巧妙可根据需要随时随地调节灯台的高度。

6 | 屏风

明式屏风较之宋代屏风不论在制作技巧上，或品种样式上都有较大的发展。分座屏、曲屏两大类。装饰方法或雕刻、或镶嵌、或绘画、或书法。座屏中的屏座装饰比以前制作更加精巧，技术也更加娴熟，特别是到了明代中期以后逐渐出现了有名的"披水牙子"。所谓"披水牙子"为明清家具术语，也称"勒水花牙"，是牙条的一种，指屏风等设于两脚与屏座横档之间带斜坡的长条花牙，也就是指余波状的牙子，北京匠师称"披水牙子"，言其像墙头上斜面砌砖的披水。曲屏属于无固定陈设式家具，每扇屏风之间装有销钩，可张可合，非常轻巧，一般用较轻质的木材做成屏框、屏风用绢纸装裱，其上或绘山水花鸟，或绘名人书法，具有很高的文人品味样式有六屏、八屏、十二屏不等。到明代晚期出现了一种悬挂墙上的挂屏成组成双，或二挂屏、或四挂屏。

△ **紫檀框漆嵌黄杨柳燕图挂屏　清乾隆**
宽64厘米，高110厘米

五 明式家具的特点及赏析

1 | 明式家具的特点

明式家具的成就是多方面的，随着研究的深入，我们对它的认识也进一步加深。粗略言之，其特点有以下几个方面：

（1）简朴素雅，端庄秀丽

明朝家具受到当时审美时尚的影响，化繁为简，绚丽归于平淡，以简朴为最高审美境界，对家具风格产生了重大影响。

△ 红木笔杆椅　明代

△ 戏曲人物雕刻

（2）精心设计

家具作为社会物质文化的一部分，是一个国家，一个民族经济、文化、艺术、技术结合发展的产物，反映着民族特征和历史特点。一件优秀的家具之所以被人喜爱，是由于它结实坚固，使用舒适以及由此表现出来的形式上的完美，是实用、科学、美观的高度统一。

明代的匠师面对要制作的家具，经过深思熟虑，调动积淀在头脑中的传统文化意念和美的经验，以及手上练就的高超技艺，一斧一凿，精心地研制，一寸一分地取合。他们全身心地投入，熔铸和雕塑手中的作品，使之达到炉火纯青的地步，为后世创作出许多惊世之作。

完美的比例，变化中求统一，曲线富于弹性；件件富有力度，雕饰简繁相宜，金属配件恰到好处；色泽柔和，富有民族特色……这一切形成的优美篇章，富有人情味，使人感受至深，爱不释手。以其为伴，其乐无穷。注入感情，追求造型的完美是明式家具又一传统。

（3）充分显露木材的自然美

明式家具除去大漆家具外，很少滥施雕琢，而是充分显示木材的天然色泽和自然纹理。疤节仍在，棕眼任显。明代匠师艺高一筹，尊重材性，追求材料的自然美。

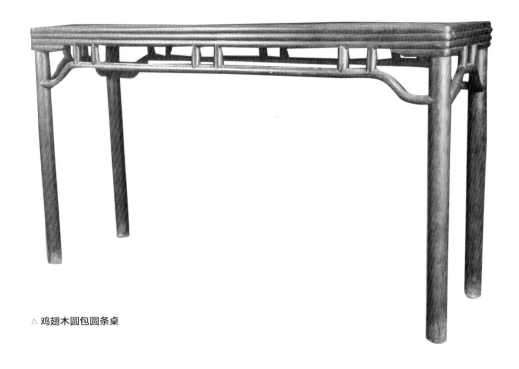

△ 鸡翅木圆包圆条桌

中国独有的烫蜡饰材工艺，正是这种美学观念下被发掘和创造出来的。木材经过烘烤，熔化的蜡液趁势侵入木材棕眼，经过擦抹之后，木材衍射出一种含蓄柔和的光泽。木材天然纹理，或如重峦叠嶂，或如行云流水，或如蝌蚪云簇……变化无穷，天然活泼，十分可人。

（4）注重功能

明式家具的制造，首先是满足人们的某种使用要求，使用功能是每件家具设计制作的基础。

纵观繁多的明式家具，粗细之分，文野之别并存。其中最有代表性，造型最完美的明代家具的一个共同特点是：注意家具的尺度和曲度的合理性，从而达到舒适性。这是明式家具物质性方面的功能。

家具作为室内陈设，还要满足人们审美的需求。明式家具不但要好使，同时还好看，不少明式家具非常美，不仅视觉上感到舒适，而且触觉上也十分舒适，确实是又好使又好看。因此我们可以说，注重家具的使用功能是明式家具的一大优秀传统。

2 | 明式家具的赏析与鉴别

　　明式家具品类齐全，数量繁多，其中有粗细之分，文野之别，其共同特点是注重使用功能。家具的尺寸，尤其是关键部位，都经过认真推敲，因此，使用时感到舒适、惬意。唐、宋时代的椅子，靠背平直，没有曲线。清代椅子也大多靠背垂直于座面。明代匠师根据人体特点，将靠背设计成与脊柱相适应的曲线和背倾角，人坐其上，后背和靠背有较大接触面，使韧带和肌肉得到充分休息，从而产生舒适的感觉。椅子座面多采用上藤下棕的双层屉子做法，有弹性，坐时略有下沉，重量集中于坐骨骨节，形成良好的压力分布状况，久坐不疲。其次，凡是与人体接触的部位，杆件、构件、线角、铜什件等，都做得含蓄、圆润，望之赏心悦目，坐时舒展轻快。家具造型中充分运用曲线，无论是大曲率的受力构件，还是小曲率的装饰线角、花饰、牙板，大多简洁挺劲、圆润流畅有余，绝无矫揉造作、呆滞死涩之弊。雕饰使用广泛，按法有浅刻、平地浮雕、深雕、透雕、立雕等。构图多对称形式。题材多种多样，有动物纹样，也有植物纹样。部位多在家具的牙板、背板、构件的端部等处。刀法圆润，造型秀挺，形象生动，有画龙点睛之妙。家具上的金属饰件，或为开启，或为提携，或为保护端角，或为加固节点，既着眼于实用，又起到美化的作用。主要装饰箱、柜、橱，还有屏风、交椅、交杌。材料用白铜，色泽柔和。饰件有面页、钮头、吊牌、穿鼻、锁、合页、拉手提环、包角等。面页、合页常作圆形、矩形、长圆形、如意云头等形，吊牌多作桃、葫芦、鱼、蝙蝠、瓶、磬等状，通过轮廓变化取得装饰效果。家具的髹饰色泽浓涂淡抹，不拘一格，各得其宜。大凡民

△ 戏曲人物雕刻

△ 戏曲人物雕刻

△ 戏曲人物雕刻

间简朴，宫廷华丽。农村常用家具如箱、床、桌、椅多为女子陪嫁之物，常用红漆，色调明亮、热闹，喜气洋洋。士大夫追求淡雅情趣，多用淡赭色调，或取木材本色。寺院殿堂多用红漆描金或戗金，与佛身相应。硬木家具自有天然纹理和色泽之美，使用蜡饰工艺。先用苏打水将底色调匀，然后把家具烘热，随之把蜂蜡涂上，再用干布擦去，表面光腻如镜，更显现出木材的鬃眼细密，纹理美丽，色泽典雅的特性。

家具的款识多出自工匠之手，较多出现在漆木家具上，木制家具刻款少见，有则刻于隐蔽不显眼处。如紫檀六件大柜，有款识两行，刻在一扇门内；铁力大翘头案，刻在面板底面圆拱形凹槽内。也有经名人使用过的家具，为人所得，命笔题跋。如项墨林茶几，其上原来仅刻项氏三方印章，后由张廷济购进，书铭一篇刻上；清末宗室溥侗购得宋荦紫檀大画案，在案牙上添刻题识一篇。亦有鉴赏家的题跋，现藏北京故宫博物院御花园延晖阁的"流云槎"，是一具可供坐倚的枯树根，因赵宦光题"流云"二字而得名，其后又有董其昌、陈继儒题识。还有文人雅士在自用的家具上刻铭的，如"周公瑕坐具"，是一具紫檀椅子，靠背上刻有周天球五绝一首。家具作伪比较容易，因为款识是刻上去的，所以不像墨迹那样容易看出笔致的劲弱，墨色的古新，加上木材的新旧不如纸绢容易辨别。有的伪款经过细心翻刻，几与原件无大差异。一般说来，越是有名的家具越是有人作伪，而小件的更容易出现伪作，因为容易找到旧家具混充原件。反之，器大且精者，则较难找到相应的旧家具来伪制原件。

△ 戏曲人物雕刻工艺

六
明式家具的工艺鉴赏

1 | 明式家具的结构

从传世的明式家具看，虽历经百年沧桑，局部不完整，仍可见各部位全部榫卯连接，胶粘辅助牢固，而板面与边框绝无胶粘，全部家具均可拆装。

正是这种科学严谨的结构，才使得众多古董家具传世至今，也依然焕发着吸引现代人的魅力。

从细节看，明式家具的结构基本上是采用榫卯接合方式的框架结构，比较纤巧简雅，但榫卯精密，坚实牢固，合乎力学原理，极富有科学性。不用钉子少用胶，不受自然条件的潮湿或干燥的影响，制作上采用攒边等作法。

在跨度较大的局部之间，镶以牙板、牙条、圈口、券口、矮老、霸王枨、罗锅枨、卡子花等，既美观，又加强了牢固性。明代家具的结构设计，是科学和艺术的极好结合。时至今日，经过几百年的变迁，家具仍然牢固如初，可见明代家具的榫卯结构，有很高的科学性。

△ 麒麟雕装饰件

△ 麒麟雕装饰件

△ 狮子滚绣球装饰雕件

榫卯的种类繁多，斗拼巧妙，结合牢固，有通榫、半榫、托角榫、长短榫、抱肩榫、勾挂榫、燕尾榫、穿带角榫、夹头榫、插肩榫、楔丁榫、格角榫、粽角榫、闷榫、穿楔、挂楔、走马梢、盖头楔等。

明式家具的基本构造都是将主要构件如腿料、框料、档料、材料等组合成一个基本框架，再根据功能的需要，装配不同的板料和附件。

在构件的结合上，传统建筑木构件的榫卯结构的接合方式，充分发挥线条艺术的魅力，是明式家具造型的显著特色。如扶手椅、圈椅、案、几等家具造型中，不论是搭脑、扶手、柱腿、牙子等构件的线型，都非常简洁、流畅、挺劲、优美而富有弹性和韵味。

明式椅靠背板的曲线，在功能上满足了人体靠坐时的舒适感，在审美上，则与中国书法的"一波三折"有着异曲同工之妙。通过各种直、曲线的不同组合，线与面交接所产生的凹凸效果，既增加了家具形体空间的层次感，又丰富了线条在家具设计中的艺术表现力。

明式家具的椅凳面、桌案，普遍采用"攒边"的工艺，体现了中国传统文化所倡导的含蓄、内向的文化内蕴。

明式家具的结构设计已体现了人体工程学，在结合合理的力学设计中，明式家具主要以舒适为主，比如它的靠背会采用S形曲线，符合人的脊背特征，靠久了也不会感到累。

另外，很多凳子还有脚踏杖，是专门给双腿提供"休息"的地方。

2 | 明式家具的造型

严格的比例关系是家具造型的基础。我们了解的明代家具，其局部与局部的比例、装饰与整体形态的比例，都极为匀称而协调。如椅子、桌子等家具，其上部与下部，其腿子、帐子、靠背、搭脑之间，它们的高低、长短、粗细、宽窄，都令人感到无可挑剔的匀称、协调，并且与功能要求极相符合，没有多余的累赘，整体感觉就是线的组合。

其各个部件的线条，均呈挺拔秀丽之势，刚柔相济，线条挺而不僵，柔而不弱，表现出简练、质朴、典雅、大方之美。

明式家具的造型十分重视与厅堂建筑相配套，线条组合给人疏朗空灵的艺术效果，与繁复奢华的清式家具相比，明式家具以清新素雅、简练概括而取胜，因此在古家具市场中，一直流行着"十清不抵一明"的说法。

在造型特征上，明式家具设计讲求严密的比例关系和适宜的尺度，在此基础上与使用功能紧密地联系在一起，力求达到功能与形式的完美结合，在造型中运用曲线，无论是大曲率的着力构件还是小曲率的装饰线脚、花纹、牙板，大多简洁挺劲，圆润流畅，而无矫饰。

明式家具造型风格源于汉唐，恢弘于明初，极见当时文人追崇古朴自然的风气；又由于经典明式家具主要用于宫廷及官宦之家，其形制在浑厚古朴之中增入诸多华美艳丽的雕饰以展示其贵族气象。

明式家具造型的发展演变有两大特点：第一，崇尚古朴与崇尚华丽两种审美观念并存。第二，代表经典明式家具制作的宫廷家具恰恰体现了追求华美雕琢而兼含古朴内致的审美取向。所以，崇尚古朴与崇尚华丽交相并存，成为明式家具结构造型的一个显著特征。

△ 红木镶云石桌　明代

3 │ 明式家具的雕刻艺术

经典明式家具的制作者大都是工艺制作高手。据文献记载，明代开山派竹刻大师朱松邻、濮仲谦二家并不专事竹刻，而兼刻犀角、象牙、紫檀等。由此可知，竹、木、犀、牙刻件是不分家的，因而，许多不同材质的雕刻精品很可能出于一人之手。

雕刻技法有浅刻，有平地浮雕、深雕、透雕、立雕等。构图多采用对称式，或在对称构图中出现均衡的图案。

雕刻题材多种多样，动物纹有龙凤、螭虎、虬夔、狮、鹿、麒麟。植物纹有卷草、缠枝、牡丹、竹梅、灵芝、宝相花。其他纹样有十字纹、万字纹、冰裂纹、如意云头纹、玉环纹、绳纹、云纹、水纹、火焰纹以及几何纹等。

倘仔细推敲，其中颇有一些规律可循。比如，明式家具雕刻中常见的飞禽走兽纹明显带有先秦及魏晋南北朝造像的遗风，雄浑而博大，使人不由地想起汉代宫阙的深厚拙朴，六朝陵墓石兽那般奔放劲健的风姿。

花卉人物吉祥图案，继承并弘扬了唐代的遗风，充分体现出一种强烈的雍容华贵、饱满豪放的审美追求。

△ **海南黄花梨出头圈椅（三件）**

椅：宽61厘米，深48.5厘米，高97厘米

几：长47.5厘米，宽41.5厘米，高70.5厘米

△ 紫檀雕云龙纹三联顶箱柜

长384厘米，宽58厘米，高248厘米

山水人物则往往是带有情节性和故事性的画面。

博古纹案雕工细致，意境高古，俨然有金石拓本之美。

西洋纹饰则反映了外来艺术的美学影响。

从而不难发现：明式家具的雕刻艺术与先秦两汉传统艺术有着一脉相承的渊源。

很多人认为明式家具的特征是简洁而朴素，因而排斥明式家具的纹饰与雕刻，乃至出现了非光素不足取的偏激观点。事实上，纹饰与雕刻在明式家具中无所不在，即使被列入光素家具的一类，也充满着奇异的装饰色彩。其主要表现在：

优美的造型即是完整的雕塑杰作。我国传统家具造型，把建筑艺术的连接有序、穿插有度，以及门床、须弥座的稳定牢固、平衡和谐、美观通透的东方美学神韵发挥到极致，无一不体现出方正凝重的三维造型。

　　曲线结构是明式家具雕刻艺术的灵魂。明式家具中的罗锅枨、三弯腿、透光、彭牙、鼓腿、内翻马蹄、云纹牙头、鼓钉等，既具备了加固、支撑、实用的功能，又起到了点缀美化的作用，体现着雕刻工艺的特征。

　　线脚的走势产生极富动感的韵律。根据不同的家具风格，采用不同的线脚，会产生截然不同的装饰效果，通过自然畅达的线脚走势，我们完全可以品味到明式家具雕刻艺术中富于流动感的美妙韵律。

　　精美的雕刻是明式家具中主要的装饰手法，处处可见鬼斧神工的雕刻手法。其雕刻技法包括圆雕、浮雕、透雕、半浮雕、半透雕等。

　　圆雕，多用在家具的搭脑上，浮雕，有高浅之分，高浮雕纹面凸起，多层交叠；浅浮雕以刀代笔，如同线描。

　　透雕，是把图案以外的部分剔除镂空，造成虚实相间、玲珑剔透的美感。它有一面作和两面作之别，两面雕在平面上追求类似于圆雕的效果。透雕多用于隔扇、屏风、架子床、衣架、镜台等。半浮雕半透雕，主要用在桌案的牙板与牙头上，展示出一种扑朔迷离的美感。

　　从明式家具诸多雕刻作品的艺术形式观之，可见其美学原则往往体现在点睛之笔，这是指在明式家具的显要位置点缀以纹饰，给家具安上"眼睛"，使家具富有生命力。这种装饰在椅具中常放在靠背板上方，力求创造灵动通透、主题突出的美学效果。

△ **海南黄花梨皇宫椅（三件）**

椅：宽60厘米，深48厘米，高99厘米

几：长48厘米，宽46.5厘米，高68.5厘米

　　明式家具雕刻充满流动之线，这是指在桌案的牙板四周施以雕刻，以求家具在静态中展现动态感，给家具环绕上一条流动的"飘带"，以产生流动之美。这些家具腿足肩部多雕兽面，牙板多雕螭纹、凤纹、花草纹，纹饰异常生动活泼。

　　明式家具还可见工巧之韵，这是指家具雕刻极力表现奢华与繁缛，以达到热烈华丽的审美效果。

　　明式家具的雕饰与实用不是分离的，而是紧密结合的。明式家具的雕饰除反映当时的历史文化外，同时，也反映了家具制作的工艺美，如：椅子下部的券口通常由三块牙板组成，券口饰以线形、花叶形、壶门等装饰，使券口看似一整体，掩饰了家具必有的接缝。

4 ｜ 明式家具的装饰工艺

　　明式家具的装饰手法，可以说是多种多样的，雕、镂、嵌、描都为所用。

　　雕饰的部位，明代多在座椅脚柱间的牙板上。靠背之背板上，及构件的端部。清代则部位更广泛。比较而言，明代是点睛或烘托作用，清代则成为主要内容。

　　明代家具装饰用材也很广泛，珐琅、螺钿、竹、牙、玉、石等，样样不拒。但是，决不贪多堆砌，也不曲意雕琢，而是根据整体要求，作恰如其分的局部装饰。

　　如椅子背板上，作小面积的透雕或镶嵌，在桌案的局部，施以矮老或卡子花

△ **海南黄花梨官皮箱**
长28.5厘米，宽22厘米，高29厘米

等。虽然已经施以装饰，但是整体看，仍不失朴素与清秀的本色；可谓适宜得体、锦上添花。

　　在装饰工艺上，明式家具一方面充分利用优质木材，展现出一种"天然去雕琢""芙蓉出清水"般的艺术品格；另一方面，辅以适度的雕镂，镶嵌部位多集中在家具的牙板、背板的端部，纹样线条优美，刀法圆润娴熟浑然无痕。

　　在一些桌、榻、屏风、几、案的体面上还镶嵌纹理自然生动的大理石，与木质的纹理相得益彰，为家具增添了天然的情趣和别有风采的画意。

明代的交椅，以山水雕饰者较少，以诗文题字绘画为饰者相对多些，这与晚明艺术上高度文人风格的发展有关。今传世晚明四大文人（周天球、文徵明、祝枝山、董其昌）字迹铭款的座椅就是明代文人风格影响下的代表作，其落款书法更提高了座椅的艺术价值。

明代家具装饰手法多种多样，装饰用材也很广泛，但是不贪多堆砌，也不曲意雕琢，而是根据整体要求恰如其分的局部装饰。

△ 紫檀雕凤小条桌

长81厘米，宽49厘米，高87厘米

就表现技法而言，明式家具装饰图案以木雕为主，辅以镶嵌、绘画、五金件装饰等多种表现手法。

就内容而言，明式家具装饰活泼大方，使明代家具造型风格构成了一个和谐统一的装饰纹样。

明式家具款式极其丰富、应有尽有。主要有如下几个大类：植物纹样图案、动物纹样图案、几何纹样图案、器物纹样图案、人物纹样图案等。各种纹样受民俗、艺术、文学、宗教、政治等方面的影响，被赋予不同的寓意与意境。

值得注意的是，明式家具中的装饰图案纹样从表面上看好像只是简单的祈福，只是人们对美好生活的向往，而实质上是一种文化情趣的体现，是对当时人的思想和社会文化的反应，收藏者在鉴赏和收藏中，需要抓住其精髓。

5 | 明式家具的配件

明式家具以金属为饰件，大多为保护端角或为加固焦点而设置的，其次是美化的作用。明式家具多使用铜镍合金的白铜制作金属配件，如包角、套脚、面页、合叶、眼钱、钮头、吊牌、环子、泡钉、钎子等。

这些配件细致精巧，式样玲珑，白铜为铜镍合金，色泽柔和，远胜黄铜，起到很好的辅助装饰作用。某些配件则用黄铜、紫铜，以及箔金、银、镏金、凿花等多种工艺装饰。

在帝王使用的高级坐具上，还有一种铁板上錾阳纹、锤上金银丝的镀金金属件。常用的饰件有面页、合页、包角，以及某些专用金属件。

面页、合页常作圆形、矩形、长方形、如意云头形等。

6 │ 明式家具的漆饰

明式家具的鬃饰主要为美化家具表面，鬃饰的色泽与家具使用环境有密切关系。同样是一件椅子，可红、可黑、可浓、可淡，不能单纯就其色彩论定其俗雅。鬃饰浓淡涂抹，不拘一格，各得其宜。鬃饰按其所用材料可分为漆饰、蜡饰两类。

明式家具漆饰有桐油、擦蜡、大漆、雕漆等方法。从传世的实物上可以看到，民间家具多采用桐油和大漆的饰面工艺，宫廷、王府等使用的高级硬木家具多使用擦蜡饰面工艺。

明代以来，漆饰工艺十分发达，官营与民营漆作坊的产品相互媲美，能工巧匠辈出，工艺达到了很高水平。用于座椅的漆饰有：素漆、彩漆、陇金、描金、雕漆等多种工艺，清代继续发扬，有螺钿、镶嵌、其他宝石嵌等漆作。

大致看来，民间漆饰比较简朴，宫廷则讲究华丽。农村中常用的家具、桌椅多为陪嫁物，常用红色漆，色调明亮热闹，摆在房中，喜气洋洋。

士大夫的书房、客室和园林的楼榭，多用中间色漆饰，如淡赭，或直取木材的本色，力求淡雅自然之情趣。寺院、殿堂陈设多用红漆、描金或戗金。

△ 红漆漆雕

△ 红漆香几

蜡饰工艺是明清匠师们运用自如而又美观大方的先进装饰技术，也是中国家具，尤其是座椅所具有的特色。

明代座椅中紫檀、花梨、红木、鸡翅木等硬木家具，因其木材本身有活泼美观的纹理和深沉的色泽，匠师们在造型配料方面也非常注意发挥其天然的纹理与色泽之美；不用其他有色的饰物，只使用蜡饰工艺（蜡多为蜂蜡）。

在打磨光平的座椅、素架上，敷些有机颜料，将底色调匀，使座椅整体色调基本一致，然后把座椅烘热，边烘边把蜡涂上，使蜡质浸入木质的内部，再用干布用力擦抹，把浮蜡和棕眼处理掉。

经过这样的蜡饰家具，表面光腻如镜，又能显示木材的质地细密和纹理、色泽典雅的天然美。

加蜡饰后的紫檀家具，在一定角度光线投射下，表面呈现出一种柔和富丽的绸缎色泽；黄花梨木家具蜡饰后，表面呈现如琥珀一般典雅透明的视觉效果。

此外，还有雕漆、描金、戗金、泥金、刻灰等表面装饰工艺。

并非所有的明式家具都有漆饰，它追求木纹自然美，很多明式家具为了表现其自然纹理特意不上漆，而是通过其自然的打磨使其纹理自然显现。

7 | 明式家具的艺术风格

明代家具的风格特点，概括起来，可用造型简练、结构严谨、装饰适度、纹理优美四句话予以总结。四个特点不是孤立存在的，而是相互联系、共同构成了明代家具的风格特征。

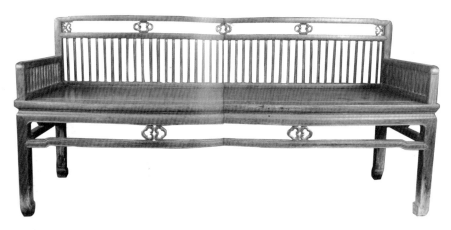

△ 空灵风格

当看一件家具，判断其是否是明代家具时，首先要抓住其整体感觉，看它是否具有明式家具造型大方、简洁明快、比例适度的风格，然后逐项分析，鉴赏其轮廓是否简练、舒展，结构是否科学合理，榫卯精密，坚实牢固，整体感觉是否质朴典雅，隽永大方。

只看一点是不够的，只具备一个特点也是不准确的。这些风格特点互相联系，互为表里，可以说缺一不可。如果一件家具，具备前面三个特点，而不具备第四点，即可肯定地说，它不是明代家具。后世模仿上述四个特点制的家具，称为明式家具。

关于明式家具的风格特点，王世襄在《明式家具的品》和《明式家具的病》两篇文章中，把明式家具的优点和不足分析的十分全面。他把明式家具风格归纳为五组，共十六品，分别为：

第一组：简练、淳朴、厚拙、凝重、雄伟、圆浑、沉穆。

第二组：浓华、文绮、妍秀。

第三组：劲挺、柔婉。

第四组：空灵、玲珑。

第五组：典雅、清新。

在明式家具中，并不是完全的尽善尽美，也有不尽人意和不足的例子。王世襄把它们归纳为八病。分别为：繁琐、赘复、臃肿、滞郁、纤巧、悖谬、失位、俚俗。

具体而言，明式家具的主要风格特点是采用木架构造的形式，形成了别具一格的形体特征，造型简洁、单纯、质朴，并强调家具形体的线条形象，在长期的形成、发展过程中，确立了以"线脚"为主要形式语言的造型手法，体现了明快、清醒的艺术风格。

同时，明式家具不事雕琢，装饰洗练，充分地利用和展示优质硬木的质地、色泽和纹理的自然美，加上工艺精巧，加工精致，使家具格外显得隽永、古雅、纯朴、大方。

有些收藏爱好者遇到家具，看哪款家具上雕花多就买哪款，觉得光雕刻就值钱。实际上明式家具越是造型简单，越见功夫，一点小毛病就看得清清楚楚。

明式家具融合了当时文人墨客的哲学理念，也注重家具和环境的和谐关系，因此即便在当今，明式家具也能很好地和家庭布置及现代家居协调共存。

明式家具比例合度和谐，体现了完美的尺度与人体功学的科学性；合理、巧妙的榫卯结构和加工工艺，充分地反映了"明式"的卓越水平。所以，明式家具被称之为明清工艺美术宝库中的明珠，是中国封建社会末期物质文化的优秀遗产。

第三章

清代家具的收藏

　　清代家具是指出现于清康熙年间，盛行于乾隆时期，具有典型清式工艺风格的家具。清代早期的家具基本上继承了明代家具的风格，变化不是很明显。直到乾隆年间，制作工匠们广泛吸收了多种工艺手法，再加上统治阶级的欣赏趣味，于是家具风格为之一变，为清代家具风格奠定了基础。

　　清代家具发展状况，大致可分为三个阶段。从清初到康熙中期，家具大体保留明代家具的风格，其形制仍保持简练质朴的结构特征。但到了康熙中期以后至雍正、乾隆三代盛世期间，是清代经济繁荣盛世之时，社会侈靡之风使人们对家具风格爱好转向追求雍容华贵、繁缛雕琢的风尚，加上清宫内院的追随和提倡，清代中叶以后，家具用材厚重，用料宽绰，体态凝重，体型宽大，装饰上求多求满，甚至采用多种材料并用、多种工艺结合的手法，炫耀其华丽富贵，充分发挥了雕、嵌、描绘等手段，精雕细作，家具制作技术到了炉火纯青的程度，并吸收了外来文化的长处，变肃穆为流畅，化简素为雍容的家具格调，一改前代风格，与传统的明式家具中简朴、素雅的风格形成强烈对照，家具制作又进入到了一个新时期，所以在我国古代家具史上称为"清式家具"。清式家具另一个重要特征就是形成了地域性特点，制造地点主要是北京、苏州和广州，分别被称为"京式""苏式"和"广式"。家具制作在风格上形成不同的地方特色，也是清式家具进入新时期的标志之一。

△ **厅堂陈设类家具**

一
清代家具的概述

　　清代早期家具基本上继承了明代风格，变化不明显。到了乾隆年间，广泛吸收了多种工艺手法，再加上统治阶级的欣赏趣味，于是家具风格为之一变，为清代家具风格奠定了基础。

　　大体上讲，清代家具是指出现于清康熙年间，盛行于乾隆时期，具有典型清式工艺风格的家具。清代家具既是历史发展的产物，也是满汉文化相结合的表现形式。1644年，清帝国定都北京。清圣祖康熙皇帝继位后，国力日益强盛。康熙皇帝在军事、政治、经济各方面都有所建树，巩固了清王朝的统治基业。在这种社会环境下，工艺美术有了发展的环境和条件。

△ 红木大宝座

△ 红木大宝座（侧面）

△ 红木大宝座（局部）

从康熙早年到晚年的约四五十年之间，世俗民心的转变，清式家具较明式家具在数量比例上逐渐占了优势。清式家具的问世及其特有风格的形成，又与清文化的影响有着不可分割的联系。对于自己的民族文化和自身的审美情趣又不忍割合，正是在这种心态下，他们自觉不自觉地要将两者最大限度地调和起来。清代各类工艺品风格的形成，包括清式家具的特有风格，与汉文化孕育出的简洁明快的具有文人气质的明式家具有着截然不同的风格，是两种文化交融的典型产物。康熙在位的61年是清式家具诞生和蓬勃发展的时期。从刊刻于康熙前期的书籍插图和绘画中，可见到一些式样新奇、风格不同于前代、装饰性较强的家具形象，堪称传世家具。

雍正年间的《养心殿造办处各作成作活计清档》至今基本保存完好，现藏于北京的中国第一历史档案馆，著名学者朱家溍先生通阅过此档，对雍正一朝的家具制作活动进行了文献考证。经查考，从雍正元年至雍正十三年，养心殿造办处制作桌、几、椅、凳、床、榻、柜、架、屏、盒、匣、座近千种，其中很多都是别具特色的制品。诸如包镶银饰件紫檀桌、赤金饰件紫檀木边豆瓣楠木心桌、包镶银饰件花梨木心桌、一封书楠木桌、花梨雕字饭桌、楠木折叠小桌、紫檀木转板桌、叠落长条书桌、双龙式弯腿三层面矮书桌、楠木折叠腿桌、番草式桌、玻璃面镶银母花梨木桌、黑漆退光面镶嵌银母西番花楠木面紫檀大桌、彩漆小炕桌、斑竹小炕桌、棕竹小炕桌、湘妃竹边波罗漆面炕案、紫檀如意式方桌。

雍正时期的造办处，既有掌握实权且精通艺术的领导者当统帅，又有造诣颇深的艺术家任管理，还有从全国挑选来的工艺高手埋头实干，人才济济，生机勃勃，集四方之精粹，可谓天时地利人和，为清式家具的最终成型提供了必要和充分的条件。经过康熙、雍正两代的休养生息，到了乾隆年间，清帝国已至于极盛，版图辽阔，四海称臣，经济繁荣，国库充实，达到"康乾盛世"的顶峰。

这一时期的清式家具，不仅也同步达到顶峰，而且反映出当时的社会政治经济背景以及清上层社会的思想特征和风气。

乾隆时期的家具，尤其是宫廷家具，具有两个显著特征：其一，不惜功力、用料，工艺精良达到了无以复加的程度。这一时期家具品种之多，式样变化之广，工艺水平之高，均已超出清朝其他历史时期，是清式家具的鼎盛年代，也是清式家具制作数量最多、工艺最精湛、品种最丰富的一个时期。因此，有理由认为，和其他工艺美术品一样，乾隆时期的家具，最富有"清式"风格。其二，装饰力求华丽，并注意与各种工艺品相结合，使用了金、银、玉石、宝石、珊瑚、象牙、珐琅器、百宝镶嵌等不同质地装饰材料，追求富丽堂皇。

查阅清乾隆年间《造办处活计档》，就会发现乾隆皇帝像对其他工艺品一样，对家具制作极有兴趣，积极参与造办处的家具设计、制作和修复，式样如何、尺寸大小、怎样更改，常有明确指示。宫中每件家具的制作几乎都有他的干预，尤其是乾隆中期，几乎每天都有涉及家具制作的旨意。乾隆时期随着过度求奢之风日益滋长，乾隆一代六十年，既是清帝国极盛的一代，又是由盛而衰的转折时期。清式家具亦不例外。嘉庆时期先是进入了一个停滞阶段，然后走下坡

△ 清式陈设家具　清代

路，造办处活计日渐减少。现在文物界把凡是制作近似乾隆年间的、工料却又不够精良的清式家具定为嘉庆道光时期制品不无道理。清式家具与宋、元、明家具没有本质上的区别，是继承关系，仍属传统家具范畴。清式家具风格虽然与明式家具迥然不同，但不少清式家具的典型装饰手法构件造型却是从明式家具中演变而来。

比如，在清式家具的雕饰中，常出现"攒拐子"制法。因而，"拐子"也被认为是典型的清式风格。其实，拐子图案早在青铜器、古玉器上就已出现，浮雕拐子纹、攒拐子的做法在明式黄花黎家具上已有使用。

至于清式家具的形成地和主要产地，清初时，中国南方地区已有了两个相当规模的精细木家具产地，一个是在长江下游的苏州、扬州一带，另一个是在岭南地区的广州一带。这两个产地不仅地域辽阔，产量多，而且各自形成了独立体系。是明式家具的发源地，也是中国家具史上形成体系较早的地区。清康熙年间，北京紫禁城养心殿造办处创立，其中设有"油木作"，主要制作工精料实的上等家具。清式家具的主体风格与早期的广式家具有较明显的一致性。王世襄先生在《明式家具研究》中已有论述。此外，造办处的工匠来自广东和江南两地，他们不仅带来了各自的制作技术和工具，而且带来了两地不同的家具风格。清代，凡到广东上任的官员，无不在其任期内订造成套硬木家具，若调离广东，随之带走。但在创立和最终完成清式家具风格的体系上，清廷造办处无疑起着主导和决定作用。造办处无论在财力、物力还是人员管理上都占有绝对优势，

△ 红木雕龙圆桌

△ 红木三镶云石搁台

既有中外的宫廷艺术家共同参与家具的设计、制作，又设有琉璃厂、珐琅作、金玉作、錾嵌作、牙作、雕作、漆作、旋作、铜作、藤作，为家具与各种工艺品相结合提供了充分的便利条件，而与各种工艺品相结合正是清式家具的一个显著特征。加之清代帝王对家具制作的关心、扶持和喜爱，更是一个重要的推动力。

　　民间与宫廷的相互交流也是促进清式家具较快发展的重要一环，从而推动了民间清式家具的兴盛。而各地进贡的物品中，家具占有一定比例。这些家具又及时将民间的创意传入宫中。

　　综述清式家具，主要具备如下一些特点：

1 | 品种丰富

　　清式家具，品种繁多，有很多是前代没有的品种和式样。其中有圆桌、三角桌、鼓凳式、床上有帽架、衣架、瓶托、灯台、书架，甚至还有可以升降便于使用的痰桶架。清式家具的造型更是变化无常，以常见的清式扶手椅为例，在其基本结构的基础上，工匠们就造出了数不清的式样和变体。多年来，海内外的收藏家、博物馆收集了难以计数的明清家具，但至今仍不时发现前所未见的奇特品种，有些竟难以猜测其为何物。

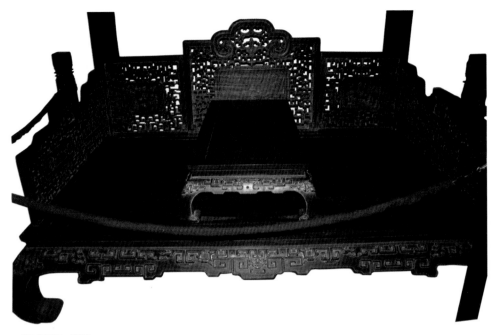

△ 清式床榻　清代

　　清式家具中，在形式上还常见有仿竹、仿藤、仿青铜器，甚至仿假山石的木制家具；而反过来也有竹制、藤制的仿木家具。在结构上往往匠心独运，妙趣横生。有些小巧玲珑的百宝箱，箱中有盒，盒中有匣，匣中有屉藏暗仓，隐蔽曲折，抽屉和柜门的启闭亦有诀窍，仔细观察之后始得其解。

2 | 选材考究

　　在用料选材上，清式家具推崇色泽深、质地密、纹理细的珍贵硬木，特别是清中期以前的宫中家具选料甚为讲究。用料清一色，或紫檀或红木，各种木料互不掺用，有的家具甚至用同一根木料制成。选材则要求无栗皮，色泽均匀，稍不中意宁可弃之不用而绝不将就。不少宫廷紫檀家具透雕的花牙往往与腿足和牙条一木连作，用料大，浪费多。紫檀珍贵世人皆知，大料更是格外珍

△ 海南黄花梨笔筒

直径17厘米，高13.5厘米

稀。清式家具，尤其是清代的广式家具，体态要比明式家具宽大、厚重，继承和保留了明式家具结构严谨、榫卯考究的优良传统。有些清式家具制作手法更为灵活和富于变化。

3 | 装饰手法丰富

　　清式家具采用最多的装饰手法是雕饰和镶嵌。清代的牙雕、竹雕、石雕、漆雕等多种工艺手法，刀工细腻入微，形成了特有的风格。如仿元代的剔红漆器，仿明代的竹雕，有的宫廷家具的雕饰从图案到刀法都与同期的牙雕相似。常见于紫檀家具上的几何纹、仿古玉纹、仿青铜器纹的产地浮雕，从图案到技法都不愧为成功的传世之作。家具上嵌木、嵌竹、嵌石、嵌瓷、嵌螺钿乃至百宝嵌，明代已有采用，但清式家具应用的手法更为灵活，使用更为普遍。除上述几种镶嵌之外，值得提出的还有曾流行一时的镶嵌珐琅器，包括嵌掐丝珐琅和画珐琅。珐琅器本身是一种装饰性极强的器物，与清式家具的风格十分和谐。

4 | 融会中西艺术

　　传世的清式家具中，受外来文化特别是西方艺术品影响，采用西洋装饰图案或装饰手法者占有相当的比重。在民间制作的家具中，尤以广式家具受西洋影响更为明显。清初时，西洋式建筑的商馆、洋行出现于广州街头，西方国家的商品源源不断地涌入中国市场。

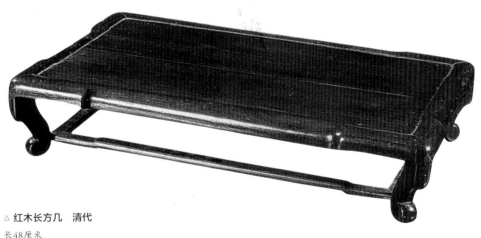

△ **红木长方几　清代**
长48厘米

二
清式家具鉴赏

1 | 清式家具的概念和由来

由明入清，继明式家具之后，在中国传统家具史上又出现了新颖别致的清式家具。所谓"清式"，是指以清代雍正、乾隆以后制作的优质硬木家具为代表的一种艺术风格。它一翻明式家具的简明、古朴、清雅、文秀的"书卷气息"，代之以绚丽、豪华、繁缛的"富贵气派"。

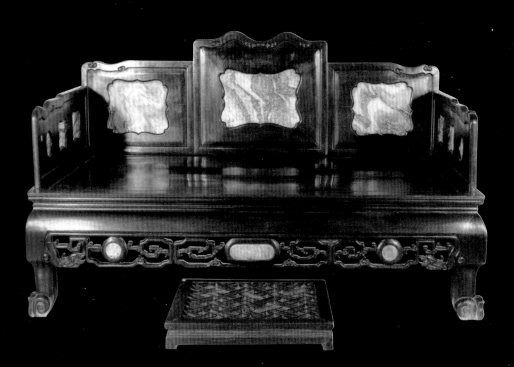

△ 红木嵌云石五屏罗汉床带脚踏　清代

长198厘米，宽129厘米，高120厘米

△ **红木长方几　清代**
长59厘米

　　从对比中使人们不难看到，明式家具注重于实用、舒适，线型优美，色泽协调沉静，圆润的体质，经过打磨揩漆以后，不仅峥莹明亮，而且手感特别柔和。清式家具则较多注重陈设功能，造型结构厚重，体形庞大，色彩强烈，富有变化，并常常采用各种精湛工艺，加强对形体的装饰，多种美材的镶嵌，精细繁华的雕刻，突出地表现了中国传统家具的工艺美。而正是这些娴熟的传统技艺，迎合了夸耀、显富的社会风气，使清式家具，特别到清代晚期，即一发而不可收，过度的堆砌和雕琢，使清式家具装饰更加繁琐，由于艺术水准下降，加上财力不济而粗制滥造，从而走向了物质功能需要的反面，使原先富有创新精神的形式，最后成了华而不实仅有外表的摆设。

　　其实在明代，除明式家具以外，也有注重装饰，作精雕细刻或镶嵌的优质硬木家具，实例有紫檀木有束腰带托泥宝座，紫檀木有束腰几形画桌，紫檀木浮雕官皮箱，黄花梨百宝嵌六足高面盆架等，这些家具大都为宫廷或贵族所用，虽然有人总是将它们归入"明式家具"的研究范围，其实这些浓丽雍华的家具形象，并不是明式家具的主流，也不体现明式家具的风格和特点，它们追求的意韵显然是个别的，则是某些达官贵人的一种华贵表象。清代统治者在稳固政权以后，随着经济的蓬勃发展，对物质生活的追求表现出了极大的关注和欲望，因此，同其他各类工艺美术产品，如漆器、织造、金属工艺等一样，在承袭明王朝宫廷艺术的基础上，加以变体和发展，以求满足清廷权贵享乐生活的要求。在他们的文化观念中，明式家具并不适应他们的审美标准和精神情趣，而对明代家具中注重华饰方面的，清王朝却很快地加以吸收和提倡，尤其是通过清宫造办处与社会的联系，便由上而下的铺展开来。同时，以清雍正、乾隆鼎盛时期，社会经济的高涨和外来文化的广泛交流，以广州为代表的沿海地区，在文化形态上出现了许多新质。由于对外贸易和市井商贾的需求，广州地区的家具生产迅速发达，并产生了不少新的品种和式样，其崇尚装饰华美的风气与清宫家具获得了异曲同工之妙，并在相互的影响中，促使清式家具发展到了一个新的高峰。

因此，根据明式家具概念和文化内涵的定位，清式家具中最具有代表性的是"广式家具"，或称"广作家具"。清宫中制作的家具，虽然材料、加工制造等方面都有着民间无法比拟的优越条件，但它们也就无法脱离宫廷的严谨和架势，注入了沉闷的"官家气"，尽管其中也不乏许多高级的"清式"杰作，但它们只能反映清式家具的一个侧面。

△ 紫檀雕莲花六扇围屏（一组）

长264厘米，宽44厘米，高211厘米

2 | 清式家具的特色和成就

　　清式家具，在明代硬木家具的基础上，获得了进一步的发展和提高，这不仅表现在家具品种的增多和工艺技巧的精益求精，而且在艺术上，也取得了新的成绩，表现出许多不同的特点。

　　在大量的明清家具传世实物中，清式家具的造型变化最惹人注目，无论是腿足，还是牙条，尤其各种装饰部件，弯曲变化和强烈的变体常常使家具的形体呈现出种种差异，给人以新颖感。在清式扶手椅中，这种富有创意性的设计，使这一传统家具的品种变得更加琳琅满目，多姿多态。在传统基本形体的构造上，变化产生了诸如花背椅、屏背椅、什锦椅、大椅、独座等新款式，其中不乏被称为太师椅的高级扶手椅子，更具有强烈时代感，陈设效果也格外显著。清式椅子大都取直背式，座身有束腰，束腰表现手法的样式之多也是前所未有的，腿足的变化更别出心裁，产生许多与众不同的形式，若将各有特色的清式扶手椅与各种明式扶手椅加以比较，往往让人有耳目一新的感觉。尽管不少椅子并不像明式文椅那样使人心旷神怡，但也常常叫人觉得雍贵大度而感叹不已。

　　其中特别是清式家具中的圆形家具，以巧妙的结构方法表现出了独特的造型形象，如独挺式圆桌和绞藤彭牙式的圆台、圆凳，在清代家具中显得十分出色。有些虽然时代较晚，但仍然能获

△ 黄花梨独板联二橱

△ 紫檀螭龙纹翘头几

△ 核桃木小姐柜

　　得良好的艺术效果，更有一些平面呈现梅花形、海棠形、扇形、多边形等家具，同样在变中求异，异中求新，获得了人们的喜爱。清式家具造型在立面和平面上的众多变化，不能不说是对传统家具的创新和推进。

　　另外为了满足华丽富贵的装饰和陈设心理，促使清式家具更加花样不绝，着意讲究纹饰美，所以借助优质硬木坚韧、细致的特点，和清代材料充足的优势，利用厚重宽大的形体，采用各种题材的花纹图案加以精雕细刻。图案题材之广泛也是前所未有的，一类是各种传统纹样的继承和发展，一类是各民族图案的进一步融合，还有许多对外来纹样的借鉴和模仿，更有各种美术门类之间的互相影响，所以，古、今、中、外各种形式和表现手法的混合，呈现出了五花八门的局面。由于紫檀、红木色泽较深，为了效果鲜明，常在雕工上下功夫，见棱见角，在起伏凹凸中突出纹样的明暗变化，有的局部精致的雕刻图案与光素的形体加强对比；有的则通体满雕，多种雕法相结合去表现所需的题材。

　　色彩的装饰效果更强烈鲜明，清代家具注重运用不同材料和工艺，使装饰更显得异彩纷呈。除传统的嵌石、嵌螺钿以外，嵌瓷、嵌金属、嵌珐琅等常常能收到事半功倍的审美趣味。

△ 红木镶云石鼓形圆桌

为了满足居室陈设日益发展的需要，成堂整套的家具在清式家具中占有重要的地位，为了显示财富和气魄，清代居室大厅中，竟有用"八景""十景"椅作排列陈设的。所谓"八景""十景"，是指这些椅子分别采用八种或十种不同造型或装饰式样组合配套，形成一种标新立异的氛围和环境。在一些新颖的家具中，有的品种颇为流行，如多宝格、琴桌、花几等，也都起了良好的陈设作用，这些家具的装饰也都必然讲究。

正由于清式家具强调装饰与陈设，好端端的材料，费工费时费材，也就往往由此而削弱了家具的实用功能。尤其清代中叶以后，夸张虚饰，繁琐累赘，华而不实的作

△ 红木书柜

风长盛不衰，致使清式家具每况愈下；过多模仿外来形式而日趋西化，出现了许多低俗平庸的格调和拙劣粗陋产品。

清式家具的生产已不再像明式家具那样，仅在有限的地区和范围。由于时代的变迁，居室生活的进步，加上采用红木为主要原料，清式家具在全国各个地区形成了不少重要的产地，加上受到各地历史、自然条件和民风习俗的影响，家具在总的时代风格中又出现了各自不同的地方特色，其中主要以苏州、广州、北京、宁波、上海等地区最有代表性。

苏州是明式家具的故乡，生产硬木家具的历史悠久。在长期的生产实践中积累了非常丰富的经验。入清以后，苏州硬木家具生产在优良传统的基础上，更加精益求精，产品的艺术风格大多仍能保持传统的品质。自乾隆时起，由于广式家具很快地风起云涌，"苏做"家具在造型和式样上也逐渐受到广式的影响，出现了与传统"苏式"风貌明显不同的"广式苏做"家具。所谓广式苏做，即是指参照广式家具的品种和式样，仍按苏州制作工艺生产的家具。另外，还有一种是仍按"苏式"传统的品种和式样，并继续沿袭传统做法，但在装饰手法和花纹

图案上，不同程度地仿效广式、京式或带有明显外来文化倾向的各种家具。然而人们习惯上仍称"苏式家具"，其概念的内涵在这里仅仅是指清代家具中的"苏式""苏做"。以上两类家具，都可共同地反映出清式所呈现的不同地区性。

清代以来，以红木为主要材料，以广州为中心生产的家具称为"广式家具"。清代的广州是西方文明主要输入的商埠，在与往来频繁的外国商人的贸易和文化交流中，使中国传统家具形式受到了极大的冲击，为了追求新异的造型和式样，常不惜用材，随着形体轮廓线形的夸张变化和装饰点缀，使家具繁花锦簇，个性特征越来越鲜明突出，这种锐意新制富有创造性的家具，很快在广泛的流传中形成了普遍的时尚。加上清宫的提倡和推波助澜，广式家具便在清式家具中获得了独领风骚地位，所以广式家具始终是清式家具最主要的代表。

京式家具是清宫王室家具的一种泛化现象，由于清宫造办处的工匠主要来自苏州和广州，故工匠的不同使京式家具往往带有一定的倾向，唯独只有优越条件才使家具显得格外精丽、华贵、气派，表现出与众不同的面貌。

浙东宁波地区的硬木家具生产也素有历史，尤其是卓越的揩漆工艺和骨石镶嵌，随着清式家具的发展，表现出了自己的特色。在造型上更多的沿袭广式、苏式的品种和类型。

△ **海南黄花梨独板靠背圆头圈椅（三件）**

座面：宽61厘米，深48.5厘米，高97厘米

茶几：长47.5厘米，宽41.5厘米，高71厘米

三 清代家具的发展及特点

　　明代后期至清代早期随着海外贸易进一步扩大和国内手工业的繁荣，明式家具也得到空前发展，大量高质量家具不断涌现，同时又孕育着"清式家具"的产生。

　　清代家具发展状况，大致可分为三个阶段。从清初到康熙中期，家具大体保留明代家具的风格，其形制仍保持简练质朴的结构特征。但到了康熙中期以后至雍正、乾隆三代盛世期间，是清代经济繁荣盛世之时，社会侈靡之风使人们对家具风格爱好转向追求雍容华贵、繁缛雕琢的风尚，加上清官内院的追随和提倡，清代中叶以后，家具用材厚重，用料宽绰，体态凝重，体型宽大，装饰上求多求满，甚至采用多种材料并用、多种工艺结合的手法，炫耀其华丽富贵，充分发挥了雕、嵌、描绘等手段，精雕细作，家具制作技术到了炉火纯青的程度，并吸收了外来文化的长处，变肃穆为流畅，化简素为雍容的家具格调，一改前代风

△ 紫檀雕西洋花卉宝座（三件）
椅：宽76厘米，深61厘米，高102厘米　　几：长55厘米，宽47厘米，高67厘米

格，与传统的明式家具中简朴、素雅的风格形成强烈对照，家具制作又进入到了一个新时期，故在我国古代家具史上称为"清式家具"。清式家具另一个重要特征就是形成了地域性特点，制造地点主要是北京、苏州和广州，分别被称为"京式""苏式"和"广式"。家具制作在风格上形成不同的地方特色，也是清式家具进入新时期的标志之一。清代晚期自道光以后，中国传统古典家具开始逐渐走向衰落，同时也受到外来文化影响，造型向中西结合转变。不过在广大的民间，仍以实用、经济的家具为主。

总之，清式家具在继承数千年传统家具制作工艺和装饰手法的基础上，有所发展、有所创新，家具制作技术更加纯熟，家具装饰更加繁缛，整个家具制作工艺进入到了一个新的历史时期。

△ 紫檀雕云纹龙宝座（附脚踏）

宝座：长100厘米，宽62厘米，高113厘米

脚踏：长70厘米，宽36厘米，高12厘米

1 | 清式家具品类

　　清式家具品类、质地、工艺、装饰等方面都到了炉火纯青的程度。清式家具品类几乎囊括前代所有家具品类，特别是到了乾隆时极盛，博采众长，品种繁多，清式橱一改明式抽屉下设闷仓，常以门代之，使用方便，而且做工考究，还出现一种柜门装镜子的柜子。清式屏风也以其高大华丽显示出其特有的魅力，其中皇宫大型折屏更加显示出清代统治者的庄严肃穆气氛。清式家具出现了如折叠式书桌、炕书桌、炕格等许多新的品类。在家具制作方面，运用各种材料，除木质之外，还有象牙、大理石、景泰蓝、雕漆、竹藤、丝绳等。在家具装饰方面，采用多种纹样装饰手法。装饰手法广泛，镶嵌、螺钿、雕漆、金漆、彩绘、珐琅、丝绣、玉雕、石刻、款彩等装饰工艺五彩缤纷形式多样，如康熙初始黑漆五彩螺钿家具流行，后期云母染色，沉静华美，技艺高超，其表现手法到了奇巧精妙的程度，真是令世人赞绝。流传下来的精品如北京故宫博物院太和殿内的贴真金罩漆雕龙宝座、贴真金罩漆雕龙屏风等，还有精耕细作的"红木雕刻屏风座""紫檀雕镂宝座""紫檀多宝格"等，其风格上繁缛堆砌，仿制西欧家具样式，与法国洛可可风格有相似之处。清代中后期出现了中西结合的作品。

△ 金丝楠南官帽椅

宽63厘米，深50厘米，高107.5厘米

△ 红木雕灵芝大理石圆桌　清代

直径84厘米，高84厘米

（1）卧具

清式床榻结构基本上承明式，但用料粗壮，形体宏伟，雕饰繁缛，工艺复杂技艺精湛。皇宫贵族喜用沉穆雍容的紫檀木料，不惜工时，在床体上四处雕龙画凤，特别是架子床顶上加装有雕饰的飘檐，雕成"松鹤百年""葫芦万代""蝙蝠流云""子孙满堂"等寓意富禄寿喜和吉祥的图案。有的其下有抽屉，就是腿足的玟饰变化也很多。罗汉床出现大面积雕饰，有三围屏、五围屏、七围屏不等，有的镶嵌玉石、大理石、螺钿或金漆彩画，围屏上都是经过精心雕饰，其做法千姿百态。总之，清式床榻的特点是力求繁缛多致，追求庞大豪华，纹饰常以寓意吉祥图案为主，并与明式床榻的简明风格形成鲜明的对比。

（2）凳和墩

凳、墩总体造型大致延续明代风格形式，但有地域性区别。清代苏式凳子基本承接明代形式。广式外部装饰和形体变化较大。京式则矜持稳重，繁缛雕琢，并出现加铜饰件等装饰方法。形体大体可分方、圆两形，方形里有长方形和正方形，圆形里又分梅花形、海棠形等，还有开光和不开光的，两形有带托泥和不带托泥之分。并加强了装饰力度，形式上变化多端，如罗锅枨加矮老、直枨加矮老、裹腿、劈料、十字枨做法等。腿部有直腿、曲腿、三弯腿。足部有内翻或外翻马蹄、虎头足、羊蹄足、回纹足等。面心有各式硬木、镶嵌彩石、影木、嵌大理石心等。南北方对凳的称呼有异，北方称凳为杌凳，南方则称为圆凳、方凳。马杌凳是一种专供上下马踩踏用的，也称"下马杌子"。清代的折叠凳形式很多，也称"马闸子"，方形交机出现了支架与杌腿相交处用铜环相连接制作，很精美。

△ **红木南官帽式笔杆床　清代**
长181厘米，宽82厘米，高81厘米

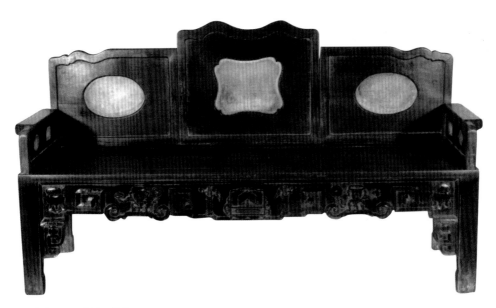

△ **红木嵌云石三人椅　清代**
长107厘米，宽61厘米，高81.3厘米

　　凳子。套脚为家具铜饰件，是套在家具足端的一种铜饰件，铜足可保护凳足，既可防止腿足受潮腐朽，避免开裂，又具有特殊装饰作用，为清式凳足部的一种装饰方法。如紫檀木方凳，四足底部有铜套，铜足头高5.5厘米。铜足作筒状，有底，中塞圆木，凿方孔，凳足也凿方榫眼，用铜裁榫接合一体。足为铜足作圆筒状，有装饰效果，防止木足直接着地腐朽。此凳用紫檀制作，边抹攒框榫接，面心为独板落塘肚。四腿如四根圆形立柱支撑凳面，罗锅枨加矮老与凳面相接，每边为四个矮老，罗锅枨和矮老均为圆形，矮老上端以齐头碰和束腰榫接，下以格肩榫和罗锅枨相接。

　　凳子除了普通木材所制以外，还有用紫檀、花梨、红木、楠木等高级木材制造的。座面有木制、大理石心等。边框有镶玉、镶珐琅、包镶文竹等装饰。用材和制作讲究而不拘一格，丰富多彩。一般带托泥束腰方凳，有高束腰，下接透雕牙条，二弯腿外翻足，足下有托泥。四角有小龟足。制作之精细是前代家具所无法比拟的，如清乾隆年紫檀木镶珐琅方凳，就是这时的精品。还有一种凳称为骨牌凳，是江南民间凳子中常见的一种款式，因其凳面长宽比例与"骨牌"类似而得名。此类凳整体结构简练，质朴无华。

　　春凳。春凳是一种可供两人坐用、凳面较宽、无靠背的一种凳子，江南地区往往把二人凳称春凳，常在婚嫁时上置被褥，贴上喜花，作为抬进夫家的嫁妆家具。春凳可供婴儿睡觉及放衣物，故制作时常与床同高。明式家具中已有春凳，春凳的形制在清代宫中制作时有一定规矩，有黑光漆嵌螺钿春凳等精品；民间却无一定尺寸，为粗木制作，一般用本色或刷色罩油。

圆凳、墩。圆凳和墩常设在小面积房间里，而坐墩不仅在室内使用，也常在庭园室外设置。清式的圆凳、坐墩在继承明式做法的同时，在造型和装饰方面处处翻新，一般四面都有装饰，有黑漆描金彩绘、雕漆、填漆以及各种木制、瓷制、珐琅制等，精美异常。凳面有圆形，也有变形圆形。乾隆年间所制圆凳，又有海棠式、梅花式、桃式、扇面式等。如梅花凳是一种颇有特色的凳子，其凳面呈梅花形，故设有五脚，造型别致，做工考究。梅花凳式样较多，做法不一，其中以鼓腿彭牙设置托泥的最为复杂。再如海棠式五开光坐墩也是具有特色的坐具，此墩形体瘦高，是清式常用式样。圆形墩，腹部大，上下小，称为"鼓墩"，是形体各异形成坐具中很有趣的品种，一般在上下彭牙上也做两道弦纹和鼓钉，保留着蒙皮革，钉帽钉的形式，墩身四面开光，墩身雕满云纹，雕工细腻，为清式精品。瓜墩是一种呈甜瓜形的坐墩，并常在墩体下设四个外翻马蹄小足，还装上铜饰，更显示出古色盎然。此外还有铺锦披绣的"绣墩"。

（3）椅子

清式椅子现存传世的实物非常丰富，从中可以看到，清式椅子在继承明式椅子的基础上有很大发展，区别较明显。用材较明代宽厚粗壮，装饰上由明式椅子的背板圆形浮雕或根本不装饰，而变为繁缛雕琢。清式椅面喜用硬板，明式常用软屉。清式官帽椅较明式官帽椅更注重用材，多用紫檀、红木制成，而苏式则用榉木制作。清初制作的梳背椅仍保存了明代的样式，至清代太师椅式样并无定式。人们一般将体形较大，做工精致，设在厅堂上用的扶手椅、屏背椅等都称做太师椅，清代的扶手椅常与几成套使用对称式陈列。清式交椅演化出一种靠背后仰的躺椅，亦称"折椅"，可随意平放、竖立或折叠，可坐可卧。总之，清式座椅制作比以前更加精美，繁雕更豪华，成为清式家具的典型代表。

一统碑椅。清式靠背椅在明式靠背椅的基础上有很大的发展，制作精细，最有特色的是一统碑式靠背椅，因此椅比灯挂椅的后背宽而直，但搭脑两端不出头，像一座碑碣故而得名"一统碑"椅，南方民间亦称"单靠"。清式一统碑椅基本保持了明式式样，但在装饰方面逐渐繁琐。清式一统碑椅的背板一般用浅雕纹饰，在整体出现了繁缛雕刻和镶嵌装饰，这种椅变化最大的是广式做法，一般用红木制作。还有一种苏式做法，即所谓"一统碑木梳靠背椅"，用红木或榉木制作。宫廷中的也有黑漆描金彩画等装饰。

△ 红木广式大靠椅　清代
宽87.2厘米，深53.6厘米，高109厘米

　　形体像一统碑椅只是靠背搭脑出挑的清式灯挂椅常省去前面踏脚枨、两侧枨下牙条和角牙，喜用红木、榉木、铁力木等种木材纹清晰和坚硬的材料做成，一般不上色，即所谓"清水货"。

　　圈椅的回纹是清式家具中最有代表性的装饰纹样，是一种方折角的回旋线条，即往复自中心向外环绕的构图，其表现形式有单个同一方向的旋转、两个向心形旋转、S形旋转等多种形式，很可能是仿商周青铜器纹饰。常用在椅子背板、扶手、腿足部分，桌案的牙条、牙头等部分也最喜欢用回纹，以至于人们将带有回纹装饰的家具作为清式家具的代名词，也就是说有回纹装饰的家具一般都为清式家具。清式圈椅的足部纹饰最喜欢用回纹装饰。清式圈椅雕饰程度大大增加，回纹细腻有序，常用来雕饰在清式圈椅的足部。椅背常用回纹浅雕，也有镂雕纹饰或蝙蝠倒挂形纹饰。清式圈椅和明式圈椅最大区别是基本不做束腰式，明式直腿多，清式有直腿也有三弯腿，常在直线腿部中间挖料，到回纹足上又挖去一小块，从而显得繁琐。

△ 红木南官帽椅（一对）　清代

宽59厘米，深44厘米，高90厘米

宝座。清式扶手椅比明式扶手椅有更大的发展，其中有一种外形硕大的扶手椅，俗称"宝座"。宝座是宫廷大殿上供皇帝、后妃和皇室使用的椅子。为使椅子更显金碧辉煌、气派非凡，常用硕大的材料制成。宝座常带有托泥和踏脚，技法上常使用透雕、浮雕相接合的方法，装饰常以蟠龙纹为主，辅以回纹、莲瓣纹饰，还施以云龙等繁复的雕刻纹样，再贴上真金箔，髹涂金漆，镶嵌真珠宝，座面铺黄色织锦软垫。整个座椅金碧辉煌、气派非凡、极度华贵，成为至高无上的皇权象征。常在大殿中和屏风配套使用，如北京故宫博物院人和殿的"金漆雕龙宝座"和"紫檀雕莲花宝座"，显得金碧辉煌、气派非凡；如乾清宫的云龙圆背宝座，是封建皇帝举行最隆重的典礼时所用。

△ 黄花梨四出头官帽椅（一对） 清早期
宽65厘米，深57厘米，高116.5厘米

另外皇亲国戚、满汉达官显贵日常生活用的椅子也比一般民间生活用椅要宽大的多，称大椅，常雕镂精美。而清代园林和大户人家厅堂上使用的扶手椅，江南俗"独座"，是吸取大椅和宝座的特征，由太师椅演变而来的，一般靠背还嵌有云石，是江南地区别具一格的座椅。

清式屏背椅常见的有独屏式、三屏式、五屏式，而将形体较大的又称"太师椅"。清式太师椅椅背基本是三屏式。而五屏式扶手椅，椅背有三扇，扶手左右各一扇，扇里外有的雕饰花纹，有的嵌装瓷板，花纹有云纹、拐子纹、山水花草纹等。这种扶手椅整体气势雄伟。

玫瑰椅。清式座椅中有许多是由花来命名的，有所谓梅花形椅、海棠形椅等等，基本上是由形而得名。玫瑰椅得名是否与形有关不得而知，但这种座椅非常精致美丽是有目共睹的。这种扶手椅的后背与扶手高低相差不多，比一般椅子的后背低，在居室中陈设较灵活，靠窗台陈设使用时不致高出窗沿而阻挡视线，椅型较小，造型别致，用材较轻巧，易搬动。常见的式样是在靠背和扶手内部装券口牙条，与牙条端口相连的横枨下又安短柱或卡子花。也有在靠背上作透雕，式样较多，别具一格，是明式和清式家具常见的一种椅子式样。玫瑰椅在江南一带常称"文椅"，是明式家具中"苏做"的一种椅子款式，一般常供文人书房、画轩、小馆陈设和使用。式样考究，制作精工，造型单纯优美，有一种所谓"书卷之气"，故称为"文椅"。清式玫瑰椅用材都较贵重，多以红木、铁力木，也有用紫檀制作的。

（4）桌、几、案

清式桌、几、案制作更加精美，品类繁多，装饰手法千姿百态，基本分为有束腰和无束腰两类，造型有方形、长条形、圆形等。特别值得一提的是清式琴桌透雕繁复，下部为木架，上为空心屉可置琴，奏琴时会发出共鸣，为清式家具典型式样之一。

方桌和条桌。清代桌子名称繁多为其特点。有膳桌、供桌、油桌、千拼桌、账桌、八仙桌、炕桌。清代桌子不但品种多，装饰美观，而且随着制作经验的丰富和工艺水平的提高，结构也更成熟。有无束腰攒牙子方桌、束腰攒牙子方桌、一腿三牙式罗锅枨方桌、垛边柿蒂纹麻将桌、绳纹连环套八仙桌、束腰回纹条桌、红漆四屉书桌等，其桌做工十分考究。特别是清式方形桌中的八仙桌，其品种多，装饰手法千姿百态，最常见一种桌面镶嵌大理石，一般都束腰，且四面有透雕牙板。

圆桌。圆型桌一般面为圆形，但它变化也很多，有束腰式，有五足、六足、八足者不等。桌面制作很讲究，有用厚木板、影木的；也有用各种石料的，有用各种天然彩石镶嵌成面，颜色丰富。从形制看有无束腰五环圆桌、高束腰组合圆桌、束腰带托泥圆桌、镶大理石雕花大圆桌等，最有特点为圆柱式独腿圆桌。此

△ 黄花梨独板龙纹翘头案　清早期
长218厘米，宽46厘米，高83厘米

△ 红木嵌瘿木面灵芝纹琴案　清代
长122厘米，宽39厘米，高83厘米

类桌一般桌面下正中制成独腿圆柱式，如北京故宫博物院珍藏的紫檀圆桌，通高84.5厘米、面径118.5厘米。桌面下正中制圆柱式独腿，上有的六个花角牙支撑桌面，下为六个站牙抵住圆柱，并与下面踏脚相接，起支撑稳固作用。上、下节圆柱以圆孔和轴相套接，桌面可自由转动，造型优美、既稳重又灵巧。

清式还有一种圆面分为两半的桌子，称半圆桌，使用时可分可合，两个半圆桌合在一起时腿靠严实，是清式家具中常见的家具品种之一。

炕桌、炕几。清式家具中炕桌、炕几比较发达，都属矮形家具，如严格区分，则炕桌较宽，炕几较窄。这类家具可放在炕、大榻和床上使用。在北方，在炕中间置放小桌吃饭或喝茶交谈，精致的还设有抽屉，称炕桌。炕桌、炕几及炕案只是形体和结构上有所区别，如束腰内翻马蹄足炕桌、有束腰鼓腿彭牙炕桌、黄花梨外翻马蹄足炕桌。

几。清式几类繁多，有高有矮，有圆有方，形体各异。有香几、花几、盘几、茶几、天然几、套几等。天然几是厅堂迎面常用的一种陈设家具。苏州园林厅堂中，都是用天然几作陈设。最有特色的是从大到小套叠起来的一种长方或方形套几，有三几、四几不等，故又称套三、套四、套几可分可合，使用方便，便于陈设。

书画桌、案。清式案比明代案装饰更加繁褥，造型大的如翘头案、平头案、卷书案、画案，造型较小的有炕案、条案等。案发展至清代，形式基本上无大改变，但形体上变得较为高大，结构上也有了较固定的做法，并常施以精美的雕饰，如拐子纹大香案、夹头榫翘头条案。而大型卷书条案比明代案有变化，该案两头像卷书一般，非常形象，如花梨木双龙戏珠纹卷书案，案面下的牙板透雕龙纹戏珠，很有特点。

△ 黄花梨炕几　清代

长74厘米，宽49厘米，高30厘米

清式画桌的制作方法和画案相似，桌面宽大，人在其上书画时，挥毫自如。如前所述习惯上人们将腿足装在四角的曰"桌"，腿足缩进的曰"案"，所以才会有画桌和画案之分。

（5）支架类家具

继宋元之后，明清进入到了一个摆设艺术高度成熟化阶段。特别是由于清代上层社会追求室内豪华的装饰和摆设，居室之中广泛运用落地罩、古玩书画、博古架、书架、衣架、盆架、鸟笼架、巾架等各种室内装饰和用具，不仅选料考究，做工精细，而且多与室内整体格局统一设计并融为一体，注重多件艺术品之间的和谐，追求富于变化的空间韵律艺术效果，以此体现主人轩昂尊显的贵族气派。所以使得这些支架类家具有更多的展露姿质的机会，并促使清式支架类家具的繁荣和发展。可以说支架类家具以及有关的陈设，乃至于整个建筑，都将具体表现出当时人们的审美方式、人格思想、伦理情怀等民族文化精神。造型豪华奔放、雕琢细腻而形式夸张的支架类家具是这个时代文化特征的体现。

多宝格。架格是家具中立架空间被分隔成若干格层的一种家具，主要供存放物品用。其中间设有背板和上有券口牙子的较为讲究。最为考究的是多宝架，这是一种类似书架式的木器，中设不同样式的许多层小格，格内陈设各种古玩、器皿，又称博古架。清代由于满汉达官显贵嗜好佩戴饰物、储藏珍宝，所以就制造了多宝格这种架式储藏家具。多宝格兼有收藏、陈设的双重作用，与一般纯作储

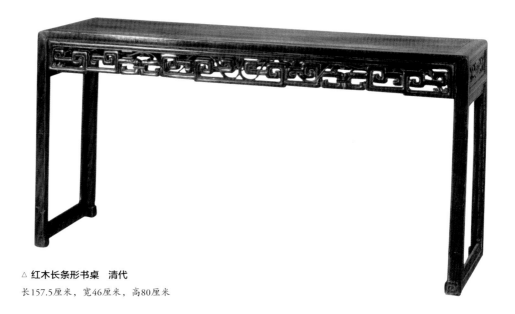

△ 红木长条形书桌　清代

长157.5厘米，宽46厘米，高80厘米

△ 紫檀龙纹大镜匣　清早期
长45厘米，宽45厘米，高18厘米

藏的箱、盒略有不同。之所以称为"多宝格"，是由于每一件珍宝，按其形制巨细都占有一"格"位置的缘故。多宝格形式繁多，各不类似。由于其制作精美，本身就是一件绝妙的工艺品，其价值并不亚于所列的珍宝，如北京故宫博物院收藏的紫檀多宝格便是一件精品。

　　有些依据书体规格制作的称之谓书格或书架。清式支架中有一种放书的格架，如北京故宫博物院收藏的康熙年制一个五彩螺钿加金、银片书格架，高223厘米、长114厘米、宽57.5厘米，楠木胎，周身为黑退光漆，上面用五彩螺钿和金、银片托嵌成花纹图案，上刻"大清康熙癸丑年制"款。书格工精、图案优美，是一件难得的大件而又精美的工艺品。

面盆架。皇宫制品的面盆架一般都镶嵌百宝等什锦。这种技法在明代开始流行，到清初达到高峰。所谓"百宝嵌"就是用珊瑚、玛瑙、琥珀、玳瑁、螺钿、象牙、犀角、玉石等做成嵌件，镶成绚丽华美的画面，使整个家具显得琳琅满目。一般为四足、六足不等，后两足与巾架相连，有的中有花牌子，巾架搭脑两端出挑，多雕有云纹、凤首等，圆柱用两组"米"字形横枨结构分别连接，面盆就直接坐在上层"米"字形横枨上，是清式支架类家具中颇具特色的一种家具款式。

升降式烛灯架。灯台是当时室内照明用具之一，功能与现代的落地台灯相似，既可不依桌案，又可随意移动，还具有陈设作用。清式固定式和升降式灯台更加精美。

升降式灯台是清代室内的照明用具之一。当时室内照明用的蜡烛或油灯放置台，往往做成架子形式，底座采用座屏形式，灯杆下端有横木，构成丁字形，横木两端出榫，纳入底座主柱内侧的直槽中，横木和灯杆可以顺直槽上下滑动。灯杆从立柱顶部横杆中央的圆孔穿出，孔旁设木楔。当灯杆提到需用的高度时，按下木楔固定灯杆。杆头托平台，可承灯罩。升降式灯架南方俗称"满堂红"，因民间喜庆吉日都用其设置厅堂上照明而得名。

固定式灯台其结构由十字形式三角形的木墩底座，中树立柱作灯杆，并用站牙把灯杆夹住，杆头上托平台，可承灯罩。

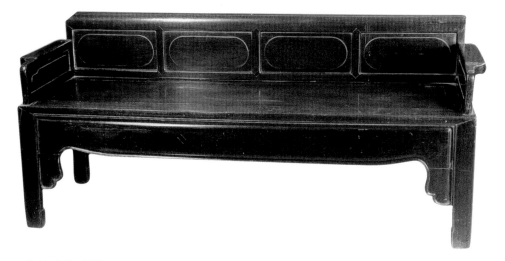

△ 红木三人椅　清代

长181厘米，宽58厘米，高79厘米

此外清式镜架也很有特点，有一种架作交叉状，可撑斜镜面，小巧精美。清式座屏式衣架也是一种有特色的支架类家具，一般座屏从选材、设计、雕刻、工艺制作等方面都达到很高的艺术水平。

（6）柜箱类

清式柜橱箱等属置物类家具也较明式有所不同。首先是用材厚重，总体尺寸较明式宽大；其次是装饰华丽，表现手法主要是镶嵌、雕刻及彩绘等，给人以稳重、精致、豪华、艳丽。

2 ｜ 清式家具鉴赏

总的来说，清式家具由于用材厚重宽绰、体态宽大，采用多种工艺结合的手法，充分发挥了雕、嵌、描绘等手段，并吸收了外来文化的长处，所以使家具显现出雍容华贵、富贵绚丽的风格。但这只是笼统而言，由于清式家具的一个重要特征就是形成了地域性特点，不同的制作地点有其各自的地方风格，所以才会分别被称为"京式"、"苏式"和"广式"。

"京式"家具一般以清代宫廷制造机构所制家具为代表。清代康、雍、乾三代盛世时，由于经济繁荣，清帝为了显示其正统地位，对皇室家具制作、用料、尺寸、雕刻、摆设等都要过问，在家具造型上竭力显示其正统、威严，为迎合清皇室爱好，他们刻意创新，无休止地追求精巧豪华。这种风尚使民间大

△ 楠木雕书箱
长121厘米，宽49.5厘米，高49.5厘米

△ 紫檀官皮箱　清代
长37厘米，宽31厘米，高36厘米

△ 红木嵌玻璃大衣柜　清代
长115.5厘米，宽52.5厘米，高219.51厘米

受影响，达官豪贵也争先效仿，炫奇斗富、糜费奢侈之风日盛，甚至有些名流学士也参与设计，加之四方能工巧匠汇集于京师，设计出前所未有的"京式"家具。京式家具风格大体介于广式和苏式之间，用料较广式要小，较苏式要实。外在用料上与苏式有些相似，但不用包镶做法，不掺假。而在家具装饰纹样上巧妙地利用皇宫收藏的商周青铜器以及汉代画像石、画像砖的装饰为素材，使之显露出一种古色富丽的艺术形象和沉穆雍富、庄重威严的皇室气派。所以，京式家具常常都是清式家具。除此之外，其他地区的家具制作也各有特点。

"苏式"家具是指以江苏省为中心的长江下游一带所生产的家具。苏式家具形成较早，是明式家具的主要发祥地。苏式家具大体继承明式家具的特点，在造型和纹饰方面较朴素、大方，因此，人们把"苏式"往往看成是"明式"。但进入清代中叶以后，随着社会风气的变化，苏式家具多少也受富丽繁复、重摆设等家具风格的影响。苏式家具制作形体小，大多为安放陈设于桌案之上的小型家具，即小木作力较强，技艺精湛。常用包镶手法。包镶手法就是用杂木为骨架，外面粘贴硬木薄板，一般将接缝做在棱角处，使家具木质纹理保持完整，这种包镶技艺已经达到炉火纯青的地步。由于硬质木料来之不易，用料精打细算，木方多为小块木雕成，并常在看面以外处掺杂其他杂木，所以家具制作大都油饰漆里，起掩饰和防潮作用。苏式家具主要用生漆，在制作过程中对漆工要求相当高，所以说在用料上与广式家具风格截然不同。

"广式"主要是指以广州为中心地区生产出来的家具。广州是清代家具发展较有特色的地区。广州地处南海之滨的珠江三角洲，经济繁荣，商业和手工业发达。由于广州特有的地理位置，便成为我国对外贸易和文化交流的一个重要门户。至清代中叶，商业机构的建筑已大都摹仿西洋形式，与建筑相适应的家具也逐渐形成时代所需要的新款式。于是大胆吸取西欧豪华高雅风格、用料粗大、体质厚重、雕刻繁缛的家具艺术风格风行打磨后直接揩漆，即所谓广漆，其木质显露。

总之，清式家具在继承历代传统家具制作工艺和装饰手法上有所发展和创新，以造型浑厚稳定、装饰手法雍容华贵而著称，所形成的家具制作新风尚与清代康乾盛世的国势与民风相吻合，为世人所称赞。

近年来，随着我国改革开放的发展，世界各地收藏家、古玩商便把对艺术品渴望的眼光投向中国大陆，使得一向门庭冷落的明清家具身价百倍，海内外兴起收藏明清家具的热潮，至今依然竞争激烈。

△ 红木小炕几　清代

长68.5厘米，宽46厘米，高33厘米

　　由于传统明式家具不如清式家具多，而且主要收藏在极少数贵族名门府第之中，所以传世稀有罕见，因此明式家具价格特别昂贵。有一些不法商人为中饱私囊，努力迎合收藏者好奇心，穷其技能制作假家具，而且作伪主要集中在明式和部分清式家具上面。如仿明式家具就有"晚清仿""民国仿"等。这样给市场交易带来不利因素，给收藏者带来经济损失。所以说在鉴赏明式和清式家具的同时，如何学会辨别鉴定古代家具之真伪就成其为关键。为了更好地鉴赏古代家具，特别是准确地鉴别明式和清式家具的真伪，必须广泛学习，主要做到以下几点：

　　第一，要求具有丰富的实践经验，广博的历史学、考古学、文学艺术和家具专业方面的知识，对家具进行于全方位综合性的了解。

　　第二，具体掌握明式或清式家具造型比例、结构榫卯、木质纹理、雕镂装饰、款识风格的不同特点，它们是鉴定明式或清式家具的基础。

　　注重家具形制的大小，了解不同形制的制作年代。

　　观察榫卯结合处，了解不同时代榫卯结构特点，注重榫卯使用的工具。用手感辨别不同的木质，观察木质表面光泽和木质散发的气味，熟知历代用料情况。熟知不同时代装饰风格，了解区域性装饰风格，注意观察细部装饰工艺。注重款识辨伪。

　　总之，家具辨伪和断代是我们学习和鉴赏明式和清式家具的一个重要环节。

△ **红木方桌　清代**

长74厘米

四 清式家具的雕饰纹饰

　　清式家具的雕饰纹饰明显比明式家具复杂，决定其纹饰的因素很多，时代特点，地域差别，材质局限，市场需求，这些都是构成清式家具主流纹饰的要因。清式家具明显减弱了对结构的重视，而将注意力转向了装饰家具细节之上。寻其根源，有以下几点不可忽视。

　　首先，清代人口的骤增使得人均居住面积缩小，康、雍、乾三朝一百多年，中国人口由一亿增加到四亿，明代宽大纵深的房子遂成为过去。清代建筑讲究头际，房屋的面积缩小，迫使人与家具的距离拉近，明式家具那种注重结构美，注重线条流畅，注重大效果的实用审美逐渐远离国人，而清代的注重细节装饰，似乎越近越能体现情趣的装饰手法开始流行。

　　其次，清朝富庶大户增多，追求富丽堂皇的艺术风格，因此，清式上等家具必定造型庄严，使用雕饰更能烘托其气势。

△ 花梨木太师椅　清代

再次，家具上雕饰的增多，与玻璃的使用也不无关系，入清之后，玻璃窗、玻璃镜及玻璃器皿的使用逐渐增多，室内采光充足，亮度提高，有了可以欣赏细腻装饰的条件，室内家具上所雕刻的最为细微的纹饰都能得以展现。这时的能工巧匠，把展现自己手艺变成乐趣，装饰纹饰花样翻新，没有任何条条框框可以限制他们，清式家具装饰风格的形成，与此关系密切。

△ 紫檀鲤鱼跃龙门纹梳妆台

△ **红木琴桌　清代**

此时，不仅家具的雕饰逐步增多，而且所崇尚的木料也逐步由浅颜色的黄花梨变为深颜色的红木和紫檀。

第四，工艺品的流行变化有自身的规律，往往是繁简交替，往复循环。自宋至明，中国的木器家具向以素雅为主。到了清初，形成体系的明式家具已到达艺术顶峰，接下去，时代也需要出现风格与之不同的瑰丽多彩的家具。

第五，清代康、雍、乾三朝是中国封建社会的鼎盛时期，社会极为富足，尤其进入乾隆盛世，粮库不用人看，甚至不用上锁。史籍所载：此时夜不闭户，路不拾遗，这种道德风范是国力强大、物质丰富、百姓心态祥和的具体体现。这种雍容祥和的心态，必然表现在家具纹饰上。

清代硬木家具采用较多的雕饰是一代的特点。清代的木雕工继承了前代已成熟的技艺，又借鉴牙雕、竹雕、石雕、漆雕、玉雕等多种工艺手法，逐渐形成了刀法严谨、细腻入微的独特风格。

由于清代的木雕工善于摹仿，因而清代家具上可见到历代艺术品不同风格的雕饰，如仿元明时剔红漆器；仿明代的竹雕；有些上等家具的雕饰图案到刀法与同期的牙雕相似。

清式家具就整体而言，清前期到清中期，雕饰颇具特色。尤其是上等家具的雕饰，属于创新的写实艺术，制作技艺达到了历史的顶峰。而清晚期家具的雕饰大都粗俗泛滥，败坏了清式家具的名声。

关于雕饰，可以从图案和技法两个方面进行研讨。清式家具雕饰图案较成功的可以包括以下五类：

第一类为仿古图案，如仿古玉纹、古青铜器纹、古石雕纹以及由这些纹饰演变出的变体图案。这类纹饰较多用起浮雕的方法。

第二类为几何图案，多以简练的线条组合变化成为富有韵律感的各式图案。

以上这两类图案均以"古""雅"为特征，较为现代人所接受。饰有这两类图案的家具，其式样、结构、用料及做工手法多具典型苏州地区家具风格。由此可推测其多为苏州地区制品，或是出于内府造办处的苏州工匠之手。其中有不少雕饰从技法到图案不愧为永恒的传世佳作。

第三类为只有典型皇权象征的图案，如龙纹、凤纹等。清代的龙纹凡上乘之作多气势生动，但也有些雕饰得过于喧嚣。值得一提的是，以龙凤为主题演变出的夔龙、夔凤、草龙、螭龙、拐子龙等图案，是很成功的创新设计。

第四类为西洋纹饰和中西纹饰相结合的图案，尤其是清代宫中所用家具，雕有西洋图案的占相当比例。这些图案多为卷舒的草叶、蔷薇、大贝壳等，与当今陈列在海外各博物馆中的18世纪—19世纪欧洲贵族和皇家家具以同时期的西方建筑雕饰图案相类似。这些图案具有浪漫的田园色彩，十分富丽，但也有些造作气，显然能引起中国皇家、贵族的共鸣和喜爱。至于中西结合的图案，是清代的创新之举。有的作品纹饰结合巧妙自然，不露痕迹。

△ 红木镶云石圆桌

据清代造办处活计档载，家具的中西相结合的雕饰图案是在当时宫中的中西方画家共同参与下设计的，包括著名的意大利画家郎世宁。所见传世的带有西洋装饰图案的家具大多具有广式家具风格。如：用料奢费；家具的最上部常有类似屏风的"屏帽"；结须弥座式。此外，整体家具不见透榫，后背不鬃漆里等等。

△ 黄花梨书箱

第五类是刻有书家的诗文作品，这也应属于一种雕饰，明代已有在家具上刻诗文的实例，入清之后大为盛行。多见的形式为阴刻填金、填漆及起地浮雕。亦有镶嵌镂雕文字者，如紫檀屏心板上嵌以镂雕黄杨木字的挂屏。严格分类，应作为雕饰与镶嵌相结合之属。

家具上雕饰的图案不仅与家具的产地有对应关系，也可以在判定家具制作年代时作为参考。刻有年款的家具是极少数，但根据家具上的雕饰图案与其他有款识的清代工艺品，如瓷器等，进行比照，可以推断出家具的年代。此外，雕饰图案和雕饰工艺也是帮助确定一件家具的产地、时代以及使用者的社会阶层的重要参考依据。

精美的图案要用精湛的雕刻手艺才能体现，因此，家具的雕刻技法必须认真研究。但家具雕饰之所以能出神入化，达到完美的程度，单凭雕刻还不能完成。完美的雕饰是雕刻与打磨结合的成果。

旧时的磨工，用挫草（俗称"节节草"，在中药店可买到）凭双手将雕活打磨得线楞分明，光润如玉。尤其是起地浮雕，打磨后的底子平整利落不亚于机器加工，毫无生硬呆板之感。常人看来好像："磨洋工"的打磨算不得什么工艺，其实好的打磨，不仅是对雕饰修形、抛光，也是艺术再创造和升华的过程。

雕饰能否"出神""入化"，往往取决于磨工。旧时，有"三分雕七分磨"的说法，道出了雕与磨在工艺上的比例关系，是有道理的。清代的磨工技艺之精湛后世再未达到过。这固然有当时整体的工艺美术水准较高的时代因素，更重要的是对打磨工艺的重视。

当今，木器行中几乎没有"磨工"工种，打磨工序是由烫蜡上漆的油工顺手代替。然而，从档案查证可知，清代造办处家具制作中，是把磨工与木工、雕工看作同等重要的，对人员选择、施工方法、工时核算、材料耗费、成活验收都有相应标准。据档案记载，磨工分两类人，一类称"磨夫"，是作"水磨烫蜡"的粗活；另一类称"磨工"，是作雕活的精磨。对于打磨工序核准的工时也相当宽松，例如，打磨最简单的"两炷香线"（就是两根并列的阳线），以长度计工时，每六尺长核准一个磨工，两米多长的两根直线就磨一天，可见工时配给之充裕。

有人认为，传世的雕饰之所以润泽、传神，是因年代久远、空气流动带动空气中的微粒对雕件自然"打磨"的结果。言外之意，就是精美的雕饰不是人工的产物，而是时间的产物。这种说法是没有道理的。因为传世的"有年头"的雕饰拙劣的不在少数。空气的自然风化，可使雕件产生"包浆"（也称"皮壳"），但绝不会对雕饰本身产生作用。

清朝家具是热闹的产物。人们在富庶祥和的时候需要人为地制造一些热闹，在平静中掀起波澜。热烈就成了乾隆时期的主题，而我们大部分清式家具，都以这一时期家具为楷模，展现富裕，展现奢华，形成家具中的乾隆风格，亦称乾隆工。

这种乾隆做工明显是对纹饰而言。纹饰上从明式家具个性化逐渐向程式化过渡，做工上则不惜工本，让观者看见工匠非凡的技巧和可以想见的劳动。人们选购家具时开始庸俗，认定雕工越多越好，有效劳动越多就会越值钱。过去购置家具是家庭的大事，保值是基本要求，每个殷实的家族都希望家产能够延续下去，而家具则是显示家族财富的最好证物。家具的生产无法摆脱这样的大背景，与社会需求紧密相连。

清式家具的纹饰分类，可以划分为繁缛、点缀、光素三种。如果按明式家具的苛刻要求，清式家具中是找不到纯粹光素一类的。清式家具中最为光素的作品，也少不了线脚，比如起线，或起鼓；这类光素家具，已做不到明式光素的纯粹。

清代工匠的基础训练就是把线脚作为必修课，长阴线、阳线、皮条线、眼珠线、倭角线等，清人认为明朝不起线的全素家具是一种落后，摒弃它理所当然。

清式家具中的点缀雕刻者很多，柿蒂纹靠背板雕花为典型实例。清式家具的纹饰点缀与明式

△ 黄花梨大箱

家具的点缀有着微妙差异。可以看出来，大部分清式家具的点缀都受明式的影响，如椅子的靠背板，清式常常纹饰满布，或整雕，或攒格分装，施以多种手法。又如桌案，清式家具牙板雕刻明显比明式家具要多，工匠都十分注意牙板上的纹饰，各类纹饰应有尽有。

稍微留心一下，就可以看出明式家具中的壶门曲线装饰在清式家具中明显减少。清代工匠以线的丰富在代替过去常用的壶门装饰，原因是壶门曲线施工比各类装饰直线费工费料。清式家具上所雕刻的纹饰题材丰富，显示出一种设计思想的活跃。

△ 黄杨木笔筒

最富于清式家具装饰特点的往往是雕工繁缛的作品，紫檀浮雕梅花纹条桌是其代表。清式家具的这类风格的形式主要是雍乾以来朝廷所提倡的奢华之风。

从雍正帝起，宫廷家具生产就已经由大内造办处出样，甚至皇帝本人也亲历亲为，降旨细致到用什么料，做什么样，哪儿多一些，哪儿少一些，无微不至。

清式家具就是在这样一种氛围中，一步一步走向登峰造极，家具的奢华之风也迅速由宫廷传入民间，至乾隆一朝尤甚。但这并不是说清代家具无素雅可言，实际上，根据宫廷民间的各种需求，清代家具风格流派也随之风行，各种装饰风格家具均占有一席之地。

仔细研究纹饰，成为清朝家具断代及辨伪的重要标志。

紫檀荷花纹宝座是一个众所周知的经典家具，现藏北京故宫博物院。所有的有关书籍都认定这件家具为明朝生产，绝无仅有。

如果细细分析，就会提出疑问，为什么如此奢华之风的家具会出现于明朝？再来看一下清代青花荷花纹贯耳大瓶，就会茅塞顿开，大瓶上所绘荷花与宝座上所刻荷花如出一辙，叶脉清晰的走向，阴阳向背的表现，荷花肥嫩的花瓣，以及满布器身的装饰风格，两件虽不同属，但神韵无二。

至此，我们没有理由固执地将荷花纹宝座的制作年代定为明朝，荷花纹贯耳大瓶底部清晰地写着：大清乾隆年制。以瓷器论，荷花纹自宋起则有绘于身，但宋元明清所绘荷花笔法不同，风格迥异。瓷器上的绘画，明以前一直比较幼稚，荷花的画法无论如何生动，也不过是平涂，阴阳向背表示不清，而清代雍正一朝开始，瓷器上的绘画大大进了一步，原因是受康熙一朝宫廷西洋画家影响所致。

例如雍正粉彩花卉瓷器，工匠在督窑官的指导下，已悟出用颜色将花卉的浓淡表现出来，这一进步，无疑会给相关艺术带来生机。家具的雕刻工艺，从这时起，注重圆润，注意表现物体本身的质感和自然状态。

仅以荷花纹宝座而言，我们已经清楚地感受到荷花盛开或含苞欲放时鲜嫩的花朵和肥硕的枝叶。翻过头去，再看一看乾隆青花荷花纹贯耳大瓶，就会明确地知晓不同属的艺术品所追求的艺术效果是多么地近似。

再来看一下黄花梨麒麟纹交椅（上海博物馆藏）。这支交椅也非常有名，多次收录在各类画册之中，被确定为明朝作品。此椅靠背板攒框为三节，中间纹饰为麒麟洞石祥云纹，麒麟为站姿，作回首状。以椅而言，断定制做年代很容易按常规论，但与瓷器纹饰比较就会发现问题。麒麟作为瑞兽，明朝瓷器上大量绘制，明中期时，麒麟一定为卧姿，即前后腿均跪卧在地；而明晚期至清早期，麒麟一定为坐姿，前腿不再跪而是伸直，但后腿仍与明中期相同；进入清康熙朝以后，麒麟前后腿都站立起来，虎视眈眈。

这一规律，无一例外，如果文物鉴定标型学理论不发生动摇的话，这支交椅的制做时期当为清康熙朝，这比通常认定的年代迟了一百年。

黄花梨木凤纹大柜，门板满刻凤纹，姿态各异，大头细颈，尾羽飘逸。这类凤纹，康熙青花瓷器上比比皆是，而更早些的明代晚期，一定寻不到如此灵动的凤纹。再参考一下其工艺特点，此柜定为清康熙应该无大误。

核桃木团龙小柜为山西家具，团龙呈圆形，浮雕于柜门正中。这件小柜文人气很浓，应为文人设计，所以存世量不多。比较一下青花团龙瓷器，就很容易判定这件小柜的确切年代。

△ 红木海棠形圆台

75厘米×78.5厘米

北方榆木小柜所雕团鹤纹，与瓷器常见团鹤纹类似，此类团鹤自雍正起渐成定式，故引之推定制做年代较为勉强，但上限可以限定，不会早于雍正一朝，而下限则要参考工艺上的其他特点，才能做出正确判断。

灵芝纹是瓷器常见纹饰，明朝所绘灵芝远不如清代生动，尤其康熙晚期至乾隆早期，灵芝纹的表现比比皆是。

雍正一朝，十分流行灵芝纹装饰，家具也不例外，我们今天所能见到的饰有灵芝纹的家具，综合考虑，仍以雍正王朝为最多。

我们再看一张核桃木独板三屏风式罗汉床，床围子的博古图案与清康熙青花常见博古纹如出一辙，从布局到内容，几乎是出自一个范本。从这里可以看出时代流行纹饰渗透各个领域多么普遍。

博古图案在清朝流行过两次，一次是康熙时期，一次是同治时期，两次同为博古，前者提倡优雅清闲，后者推崇金石学问。同为博古，内涵有异，这种同异，成为后人研究的课题。感受多了，就会很容易地将前清博古与晚清博古分开，从中体会古人悠闲的心情和所包含的内在情绪。

把握住一件古家具纹饰的内在情绪，确实需要更多更深更广地了解当时社会的政治、经济、文化等诸多方面，才能使认识和判断得以加强。

有一个有趣现象是，清代的雕工还很善于模仿，在家具上能见到历代艺术品上风格不同的雕饰，如仿元代的剔红漆器，仿明代的竹雕，有的宫廷家具的雕饰从图案到刀法都与同期的牙雕相似。常见于紫檀家具上的几何纹、仿古玉纹、仿青铜器纹的铲地浮雕，从图案到技法都不愧为成功的传世之作。

△ 紫檀竹节南官帽椅（三件）

椅：宽62厘米，深49厘米，高100厘米

几：长46厘米，宽35厘米，高75厘米

　　但是，有些清式家具的雕饰由于过分求实而流于刻板呆滞，结果是精致有余，气质不足。即使是民间工艺，受时尚影响，所雕作品也常常缺乏朴素活泼的自然情趣。因此，清代家具的雕饰既有成功的一面，也有不足的一面。以雕饰题材而言，除了前文介绍的外，还有一部分制品常用有迷信色彩、宣传封建意识以及大富大贵为题材的图案。借用谐音寓意某些愿望，本无可指责，不过用得过多过滥，使人感到俗气。自乾隆时期起，又逐渐出现了雕饰过于繁琐的形式化倾向。

　　清式家具自乾隆以后又出现了雕饰过滥过繁的弊病，所制家具几乎无一不雕。而且不分造型，不论形式，不管部位地满雕。有的在一件家具上同时施加浮雕、透雕、圆雕、线雕等多种雕饰，纯是为了雕饰而雕饰，所雕图案又多为海水江牙、云龙蝙蝠、番莲牡丹，子孙万代，某种程度上成为使用者身份的标志与象征。

　　乾隆之后的清式家具，雕饰图案变得更加庸俗，雕饰技艺也每况愈下，正是这类雕饰对日后清式家具名声的败坏负有不可推卸的责任。

　　清晚期木器家具上的俗恶雕饰，与同时期俗恶的工艺品一样，是衰败社会的必然产物。此时期家具的雕饰已蜕变成了纯形式的"符号"。工匠的艺术创作变为谋生手段，因被艰难生计所迫，心思要放在如何省工减料、瞒天过海上，于是就出现了木器行中所谓的"偷手"现象和纯粹为追求商业利润而制作的"行活"家具。最不能令人容忍的是，受殖民地文化影响，雕饰图案变得俗恶不堪入目，无论从艺术和工艺角度都无任何研究价值。

△ **紫檀博古几架**

长63厘米，宽21厘米，宽28厘米

五
清代家具的年代判断

　　懂得清代家具的年代判断，有助于辨伪，更是对收藏价值和投资价值进行判断的重要依据。

　　关于清代家具的年代判定，有两种理论。

　　一是将清代家具分为清初、乾隆、嘉道、晚清四个时期。凡木质和做工接近明代的，列为清初；凡制作新颖，质美工精的都称乾隆制品；凡制作近似乾隆，但工料不够精良的，则认为嘉庆、道光制品；同治大婚时所制　批以雕刻肿鼻了龙装饰为特点的桌、案、几、椅、凳、床、柜等，和光绪二十年至三十年市上流行的大批进入颐和园的造型更为拙劣的家具，是晚清制品。

△ **红木方桌　清代**

长75厘米，宽75厘米，高31厘米

　　还有一个判定标准，分别划为明清之际（大致在明崇祯至清顺治年间）、清早期（大致在康熙至雍正年间）、清中期（大致在乾隆年间）、清中晚期（大致在嘉庆道光年间）、清晚期（道光以后）五个历史时期。分界是一个有纵深的画，而不是一条线。

　　依据家具的风格式样来判定年代的早晚，并不能说是个最理想的方法，它不能像瓷器那样，判定准确到某一年号。

　　家具历史上有晚期制作早期式样的情况，尤其一些经典的明式家具，自明代至清晚、民国时期一直原样不动地制作。此外，历代都存有由旧料改作，旧家具改式样等问题，使得有些家具的式样特征与用料、做工的时代特征相悖，给断代造成了困难。

　　当今有些闻名遐迩的明清家具，其准确制作年代仍困扰着学术界。不少人不仅喜欢把家具的年代定得偏早，而且在并无充分证据的情况下，将某些旧家具的年代标得精确到某一年号，这种超越认识水平、自欺欺人的做法并不可取，更不可信。此外，人们也逐渐意识到，以往普遍存在对明式家具的年代判定偏早，而对清式宫廷家具的年代判定偏晚的现象，值得引起注意。

△ 红木拼圆桌　清代

直径123厘米，高88厘米

六
清式家具的广作形式

　　古董家具中素有京作、苏作和广作之分，是以地域来划分的，其中京作即北京造，苏作即苏州造，广作即广州造。三个地域，代表古董家具的三种不同的风格。通常人们眼中的苏作高雅朴素，富有文人气质，最受收藏家青睐，而广作历来为人们所蔑视。

　　事实上，广作也有一定的创新，在艺术性上有自己的特色，作为收藏，理应当成一个有收藏投资价值的品种来对待。

　　明末清初，西方传教士来华。广州由于特定的地理位置，便成为对外贸易和文化交流的重要门户。广东又是贵重木材的主要产地。南洋各国的优质木材也多由广州进口。得天独厚的有利条件，赋予广州家具独特的艺术风格。

　　广式家具装饰的雕刻在一定程度上受西方建筑雕刻的影响，雕刻花纹隆起较高，个别部位近乎圆雕。加上磨工精细，使花纹表面平滑如玉，丝毫不露刀錾痕迹。

　　以紫檀雕花柜格为例，柜格下面两扇门板都饰以阳刻花纹，四角及正中雕折枝花卉，花朵及枝叶四出，富于立体感。所饰西洋巴洛克花纹，翻卷回旋，线条

△ 红木雕绳纹下卷琴桌　清代

长112厘米，宽40厘米，高83厘米

△ 红木嵌影木灵芝卷书案　清代

长117厘米，宽40厘米，高85厘米

流畅。图案纹饰外，其余则用刀铲平，经打磨平整。虽有纹脉相隔，但从整个地子看，绝无高低不平的现象。

在板面图案纹理复杂、铲刀处处受阻的情况下，能把地子处理得这样平，在当时手工操作的条件下，是很不容易的。

广式家具的装饰题材和纹饰受西方文化艺术影响。明末清初之际，西方建筑、雕刻、绘画等技艺逐渐为中国所用，自清雍正至乾隆、嘉庆时期，摹仿西式建筑的风气大盛。除广州之外，其他地区也有这种现象。如在北京兴建的圆明园，其中就有不少建筑从形式到室内装修，无一不是西洋风格。

为装修这些殿堂，清廷每年除从广州定做、采办大批家具外，还从广州挑选优秀工匠到皇宫，为皇家制作与这些建筑风格相协调的中西结合式家具，即以中国传统方式做成器物，再用雕刻、镶嵌等工艺装饰。

这种西式纹饰，通常是一种形似牡丹的花纹，也称西番莲，花纹线条流畅，变化多样，可以根据不同器形而随意伸展枝条。特点是多以一朵或几朵花为中心向四处伸展，且大都上下左右对称。如果装饰在圆形器物上，其枝叶多作循环式，各面纹饰衔接巧妙，难辨首尾。

广式家具也有相当数量的传统纹饰，如海水云龙、海水江崖、云纹、凤纹、蝠、磬、缠枝或折枝花卉及各种花边装饰等。有的广式家具中西两种纹饰兼而有之，也有些广式家具乍看都是中国传统花纹，但细看起来，总或多或少带有西式痕迹，为我们鉴定广式家具提供了依据。

△ **明式铁力木条案　清代**
长200厘米，宽52厘米，高84厘米

以紫檀柜为例，柜的两边雕刻的都是中式折枝花卉；正面对开两门，每扇四角各雕一折枝梅花，中间也以折枝花为饰，但四角与中间花卉的空当中，又雕一组西洋巴洛克风格的图案。上部四框饰绳纹，两层膛板下各装抽屉一层，在抽屉外面又以紫檀薄板雕刻西洋花纹饰边。这种装饰手法在广式家具中屡见不鲜的。在众多的广式家具中，带有洋工花纹和有洋式花纹痕迹的约占十之六七。

清初，广州的官营和私营手工业相继恢复和发展，给家具艺术增添了色彩，形成与明式家具截然不同的艺术风格，主要表现在雕刻和镶嵌艺术手法上。镶嵌作品多为插屏、挂屏、屏风、箱子、柜子等，原料以象牙雕刻、景泰蓝、玻璃油画为主。

中国镶嵌艺术多以漆做地，而广式家具的镶嵌却不风漆，是有别于其他地区的一个明显特征，传世作品也较多。内容多以山水风景、树石花卉、鸟兽、神话故事及反映现实生活的风土人情等为题。

△ 剔红百宝嵌婴戏图挂屏　清代
宽61.7厘米，高114厘米

象牙堆嵌成的"广州十三行"风景插屏，画面以十三洋行建筑为主体，江中商船云集，两岸官府、民居栉比相望；由近及远的靖海门、越秀山、镇海楼等著名建筑尽收眼底。插屏以玻璃油画作衬地，在玻璃画的背面描绘乌云。近处江水部分，也用玻璃画作地儿，背面描绘水纹，以象牙着色雕刻的大小船只，直接粘在玻璃表面上。

广州还有一种玻璃油画为装饰材料的家具，也以屏类最为常见。玻璃油画就是在玻璃上面的油彩画，首先在广州兴起。现存的玻璃油画，除直接由外国进口外，大都由广州生产。

与一般绘画的画法不同，是用油彩直接在玻璃背面作画，而画面却在正面。其画法是先画近景后画远景，用远景压近景；尤其画人物的五官，要画得气韵生动，就更不容易了。

七
清式家具的欣赏与鉴别

　　家具的品赏和鉴别，是一个问题的两个方面。一般来说，前者是对某一件家具进行品质或艺术上的评价，或者说，是对家具作审美价值高低的分析与研究。后者是对一件家具的材质、制作年代和地区以及家具的艺术风格作出判别，如认定其是属"明式"还是"清式"，或者是哪个时期，哪种品类的家具等等。品赏和鉴别，往往互相关联，所谓"知其善与美，识得真与伪"。因此，人们总是将品赏与鉴别统称为鉴赏。

　　在具体的鉴赏活动中，常常会因人而异。由于涉及诸多方面，如材料、加工工艺的知识、欣赏审美的能力、个人的爱好和情趣、评价的基本尺度等，都会直接影响到鉴赏的结论，不可避免的就会产生分歧意见。

△ 红木贵妃床

例如，对一件黄花梨五足圆香几，就曾有过两种决然不同的看法，一说此香几的蜻蜓腿上下的舒敛"做过了头"，"造成头重脚轻，失去了平衡"；还说半圆形的混面束腰和起棱多层的托腮，在线脚和雕饰上使人感到"过分雕琢"，"冰盘沿造得也不够理想"，"椭圆的浮雕花纹更与通体的纹饰不协调"，"纤巧而不自然"，故成为明式家具中的一个典型"病"例。

另一说却认为这香几"长腿委媚而富有弹性""腿上端踩圆珠与托泥相连……使整体获得了稳定感"，并赋有"轻盈秀丽、亭亭玉立的造型美"，用它来焚香祷祝时，S形几腿更与烟迹"取得呼应，对环境的清静和心情的虔诚能起到渲染作用"，因此，是明式家具中一个"造型和功能结合较好的实例"。如此一贬一褒，不免叫人有些"人言人殊"的感慨，但只要不是故弄玄虚，认识的不同是完全正常的，有时，往往只有通过品评，出现不同的意见，才能帮助提高鉴赏能力。

最早刊于《中国花梨家具图考》一书中的一件黄花梨靠背椅，研究者大都用它作为优秀典例来介绍。从这件靠背椅中，人们常常会感受到明式家具整体造型简洁明快、新颖别致，形式体态文气神逸和清雅高古的美学情趣。此椅子除了在每一腿足与椅盘之间设两根三弯式的角枨以外，仅在踏脚档下加一根修长的牙条，剩下的全是构成靠背椅不可缺一的结构件，完全体现着明式家具"精而造疏，简而意足"的艺术意匠。直搭脑下的靠背板纹理明净，上开一圆孔，下挖海棠形透光，中部偏下的位置嵌一块色泽较深的长方形瘿木薄板，且稍微高起，在这明与暗、虚与实的对比中，能给人们以无比丰富的联想。明式椅子

△ 红木拐子纹香几

△ 红木镶云石花几

△ 紫檀箱　清代

长35.5厘米，宽20厘米，高14.8厘米

常常在背板上讲究画龙点睛的效果，此椅手法高明，不落窠臼，处处表现出高度的美学原则，比一般靠背的设计更高出一筹，平易的线脚也被完全纯化在造型之中，使形象格外形神兼备。

由此可见，鉴赏并不是一般地评头论足，目的在于发扬民族艺术的优良传统，能从中吸取精华，同时，通过鉴赏来增进知识，陶冶情操，培养审美能力。另外，也有益于开展学术交流，集思广益，促进水平的共同提高。

在明式扶手椅中，"有束腰的椅子"传世实物甚少，而入清以后，才大量地涌现出来，几乎成了"清式"椅子的一个重要特征。因此，有人对美国纳尔逊美术馆所藏的一件"明式"大扶手椅，因其有束腰而认为是一件被"改制过的家具"，并说改制者原"有一件下部残缺而靠背完整的大椅，后来却为它找到了一件尺寸合适的长方形大机凳，就把靠背和扶手安装了上去"。为了令人信服，还找出了两点理由：一是像这椅子"有束腰及马蹄"的"从未见过"；二是"大椅的鹅脖系另安与前腿不是一'木连做'"；故后腿的造法，"推想上去也是两木分做的"，所以，"这椅子看起来很别扭"。由此，断定它只能是一件改制后造成的作品。

那么，这件"有束腰的椅子"究竟是否一定是改制的呢？这件有束腰的大扶手椅，除后人在管脚枨上附添了几块与形体无关的供铺垫用的木板外，未有任何改制的痕迹，且与藏于美国纳尔逊美术馆大扶手椅的造型、规格和构造多大致相同，可见，藏于美国的有束腰的大扶手椅子，就不一定是改制的椅子，所见的大椅是寺庙僧人用作打坐的禅椅，因此，所谓改制的大椅也可能是一件禅椅或是有其他特殊功能的椅子。

△ 红木卷书几（一对）　清代

这类"有束腰的椅子"实物虽稀见少有，但从有确切纪年的明代文字木刻插图中，我们却能找出许多图像来，其中有禅椅，也有一般的扶手椅，甚至圈椅。有的足下还附带托泥，有的不带托泥，有的在椅子腿足之间设有管脚枨；有的则无管脚枨；有的鹅脖与前腿一木连做，还有的上下两木分做，不仅形式多种多样，而且使用还比较普遍。显而易见，"有束腰的椅子"在明代椅子当中有相当重要的位置，也是不可缺少的椅子品种。

八
清式家具的艺术价值

对清式家具艺术成就的评价，历来存有较大争议，归纳起来大致有三种不同观点。

第一种观点：否定。

认为在中国历史上，明式家具达到了艺术顶峰，其成功的关键在于造型艺术，它追求神态韵律，将各种自然物象加以提取精炼后，自然地融合于家具的造型设计，品位高、格调雅，具有文人气质。

△ **红木太师椅（一对）　清代**

高98厘米

　　相比之下，清式家具走的路与明式家具截然相反，由重神态变为重形式，力图以追求形式变化取胜，艺术格调比明式家具大为逊色。而且，若追根寻源便会发现，清式家具在追求形式变化上所采用的方法，包括构件的造型、雕饰的图案、装饰的手法等，早已在古青铜器、古玉器以及各种中国传统艺术品中使用过，不过是将其移植于家具之上，属于抄袭和模仿，本身并没有多少创新，有些

△ 红木博古架　清代
高98厘米

还带有生搬硬套的弊病。由于仅靠形式变化很难真正保持"新""奇",而在不断追求新奇之中,又只能靠进一步加强形式变化,如此循环往复,最终必然导致繁复与琐碎。因而清式家具的装饰手法始终未能超越自我,这是清式家具在艺术上的失败与遗憾。这种观点认为,在并非成功的总体形势下,每个单件的清式家具亦不可能有真正的成功之作。

第二种观点:肯定中有否定。

此种观点认为,在特定的历史和社会条件下产生的清式家具,有其本身的特色与成就,作为一种"写实"风格的实用装饰艺术,不乏值得研究与借鉴之处。就单件清式家具而论,有成功的,也有失败的,不能一概而论,可将其分为三类:第一类是成功之作,多为康熙至乾隆时期制品;第二类是装饰过于繁复的清式家具,大多出自乾隆时期;第三类是清晚期制作的格调低俗的拙劣家具。

第三种观点:重新研究和评价。

这种观点则认为,对不同形式的艺术风格,应站在不同的着眼点加以审度。清式家具与欧州一些国家17世纪—19世纪的宫廷家具同属"古典式"范畴,它体现了一种瑰丽、华贵的格调。作为两种表现形式根本不同的艺术,清式家具与明式家具不能够、也不应该相对比。对清式家具的研究与评价应摆脱已有模式即明清家具对比法的束缚,而把它当作一科,独特的艺术形式重新加以研究,给以客观的、恰如其分的评价。

以上三种观点反映了不同的着眼角度和不同的审美情趣。第一种观点不能说没有过激之处,无论从总体上怎样评价清式家具,就其个体而言,还是可以通过相互对比,区分出上乘、一般和较差的不同层次。对某件清式家具的衡量,可以从其造型、用料、结构、做工等方面综合考察。对造型的评价与欣赏,不妨根据清式家具的特点加以把握,即:华丽而不滥,富贵而不俗,端庄而不呆,厚重而不蠢,清新而不离奇。

△ 红木多宝阁、南红玛瑙提手　清代
高50厘米

九 清式家具的工艺鉴赏

1 | 清式家具的工艺

　　家具工艺到了清代，总的来看造型已趋向奢华，并一味追求富丽华贵，由于繁缛的雕饰破坏了造型的整体感，触感也不好。但在民间，家具仍沿袭明式程式，保留了朴实简洁的风格。

　　清式家具工于用榫，不求表面装饰；京作重蜡工，以弓镂空，长于用鳔；广作重在雕工，讲求雕刻装饰。装饰方法有木雕和镶嵌。

　　（1）雕刻工艺

　　其雕刻手法多样。木雕分为线雕（阳刻、阴刻）、浅浮雕、深浮雕、透雕、圆雕、漆雕（剔犀、剔红）。

　　清式家具雕刻刀工细腻入微，以透雕最为常用，突出空灵剔透的效果，有时与浮雕相结合，取得更好的立体效果。

△ 双鱼图浮雕

雕刻中注重磨工，磨工细致圆润，各种雕饰表面磨制得莹华如玉，有一种柔和的感觉，丝毫不露刀凿的痕迹。

雕刻图案间留出的衬"地"，虽有突起的纹脉相隔，但从整个"地"来看如同刨平的木板一样，绝无高低不平的情形。

雕刻的线型透婉流畅，使人们进一步激起对家具的种种艺术感受。而广作尤其擅长因物施料，将天然树根雕成风格质朴，极富一种自然气息的天然的家具，雕磨工夫则丝毫不露。

（2）镶嵌工艺

清式家具中的镶嵌工艺技法是装饰的一大特色，其所装饰的家具都有一种华丽的气象。镶嵌在清式家具中更为普遍地运用，镶嵌的品种很多，有木嵌、竹嵌、骨嵌、牙嵌、贝嵌、石嵌、螺钿嵌、百宝嵌、珐琅嵌乃至玛瑙嵌、琥珀嵌、玻璃嵌及镶金、银，装金属饰件等。

△ 贝嵌工艺

△ 贝嵌工艺

其中主要是螺钿嵌、百宝嵌、骨木嵌、彩石嵌等，品种丰富，流光溢彩，华美夺目。

清代康熙年间，螺钿家具制作达到了高峰，清代《红楼梦》第二十三回曾记载，螺钿有白色和彩色之别，尤以五彩为贵，在阳光下移动作品的观赏位置，便会出现五光十色的耀人眼目的效果。

这种工艺的家具作品极为珍贵稀少，沈阳故宫博物院有一组五彩螺钿家具，其典型作品为一罗汉床，色调斑斓、炫丽豪华。清康熙时，上层社会流行黑漆五彩螺钿家具。

珐琅技法则是由国外传入，用于家具装饰仅见于清代。

北京故宫博物院太和殿陈列的剔红云龙立柜，沈阳故宫博物院收藏的螺钿太师椅、螺钿梳妆台、五屏螺钿榻等，均为清代螺钿家具的精粹。

（3）骨嵌工艺

清式家具的骨嵌富有特色。骨嵌用在器皿上虽然很早，但是用于家具上还是清代的创举。骨嵌的鼎盛时期是乾隆中叶，其艺术特点有：

第一，骨嵌工艺精良，拼雕工巧。

工艺制作上保持多孔、多枝、多节、块小而带棱角，既宜于胶合，又防止脱落，虽天长地久，仍保持完整形象。

第二，骨嵌表现形式分为高嵌、平嵌、高平混合嵌三种。早期和盛期是高嵌和高平混合嵌，后期都是平嵌。

第三，骨嵌用材多为红木、花梨等贵重木材，因其木质坚硬细密，镶以骨嵌更显出古拙，纯朴。

第四，骨嵌题材大致可分为人物故事、山水风景、花鸟静物和纹样四类。

（4）装饰风格

清式家具最多采用的装饰手法是雕饰与镶嵌，刀工细致入微，手法上又借鉴了牙雕、竹雕、漆雕等技巧，磨工亦百般考究，将雕件打磨及线楞分明，光润似玉。

△ 戏剧人物

△ 戏剧人物

清式家具的装饰，求多、求满、求富贵、求华丽，多种材料并用，多种工艺结合，甚至在一件家具上，也用多种手段和多种材料，雕、嵌、描金兼取，螺钿、木石并用。

清代工匠们几乎使用了一切可以利用的装饰材料，尝试一切可以采用的装饰手法，在家具与各种工艺品相结合上更是殚精竭虑。

此时家具，常见通体装饰，没有空白，达到空前的富丽和辉煌，但是，过分追求装饰，往往使人感到透不过气来，有时忽视使用功能，不免有争奇斗富之嫌。装饰上求多求满，富贵华丽，这是清中期家具的突出特点，清式家具的代表作都具有这一特征。

（5）装饰图案

清式家具装饰图案多用象征吉祥如意、多子多福、延年益寿、官运亨通之类的花草、人物、鸟兽等。清代家具中的雕刻题材是非常广泛的，除了传统纹样，还有人物和清代中后期对外交流带来外来文化影响的纹样。

吉祥图案是清式家具最喜欢的装饰题材。清式家具特别注重吉祥兆头的纹样，如龙、凤、鹿、鹤、蝙蝠，以及回纹、云纹、蝉纹、雷纹等一些商周青铜器上的纹样，题材多样化。

常用的雕刻图案有各种云纹、卷草纹、磬纹、流苏纹、绳纹、虎爪如意（或称三弯如意）、花头三蚌、葫芦万代、双鱼吉庆、二甲传胪、五福捧寿、平安如意、拐子龙等吉祥图案。

其他如各种山水、花鸟都可以独立组成图案，如谓之"四君子"的梅、兰、竹、菊，称为"岁寒三友"的松、竹、梅等题材。人物故事则以仕女、明暗八仙为。

此外，还有大量的戏剧人物装饰图案。

在清式家具发展的过程中，由于技术和艺术水平的提高，造型和装饰引起了创作能力实质性的进步。装饰材料由单一的工艺技法发展到多种工艺和材料结合施用，其主要目的是为了达到富丽华贵的效果，以求得一种新的审美艺术表现。

（6）结构工艺

清式家具在结构上承袭了明式家具的榫卯结构，充分发挥了插销挂榫的特点，技艺精良，一丝不苟。凡镶嵌方面的桌、椅、屏风，在石与木的交接或转角处，都是严丝合缝，无修补痕迹，平平整整的融为一体。

家具构件常兼有装饰作用。如在长边短抹、直横档、脚柱上加以雕饰；或用吉字花、古钱币造型的构件代替短柱矮老。

（7）脚型工艺

清式家具特别是脚型变化最多，除方直腿、圆柱腿、方圆腿外，又有三弯如意腿、竹节腿等；腿的中端或束腰或无束腰，或加凸出的雕刻花形、兽首；足端有兽爪、马蹄、卷叶、踏珠、内翻、外翻、镶铜套等。

清式家具束腰变化有高有低，有的加鱼门洞、加线，侧腿间有透雕花牙档板等。

（8）描金彩绘

清式家具除了雕刻与镶嵌之外，描金、彩绘装饰也占有很重要的地位，是清代家具的常用装饰手段。

由于工艺美术的发展，使得家具制作得以借助各处工艺美术手段，去进行综合的装饰处理。清式家具的装饰上采取了多种材料并用，多种工艺结合，构成了它自己的特点，是历代所不能比拟的。

2 | 清式家具的风格

清式家具从开始萌芽到形成独立的体系，大致是从清康熙早年到晚年的四、五十年之间，它与满文化的影响有着不可分割的联系。这是以皇家为主导，在宫廷和民间的相互影响，相互交流，共同创作中发展起来的。

清式家具显著的风格特点表现在如下几个方面。

（1）奢靡挥霍极尽富贵豪华

清式家具最大特点是奢靡挥霍，追求装饰绝对的繁琐和复杂，故而其装饰极为华丽，制作手法汇集了雕刻、镶嵌、髹漆、彩绘、堆漆、剔犀等多种手工技艺，繁纹重饰。尤其是镶嵌手法在清代家具上得到了极大的发展，几乎遍及所有的地方流派。

清康熙、雍正、乾隆三代盛世期，在我国工艺美术史上出现了一味追求富丽华贵、繁缛雕琢的风气。其中，尤以广作与京作成就最为繁琐、奢华，所用材质千奇百怪，除了常见的纹石、螺钿、象牙、瘿木之外，还有金银、瓷板、百宝、藤

△ 戏曲人物

竹、玉石、兽骨，甚至景泰蓝等等，所表现的内容，大多为繁复的吉祥图案与文字。

"广式家具"盛行与清宫内院的追随和提倡有关，清代中叶以后，家具以造型厚重、形体庞大、装饰繁琐而风靡一时。这种家具在形式和格调上与传统家具风格成强烈对照，故在我国家具史上称之为"清式"家具。

△ 戏曲人物

（2）选材以紫檀木为首选

清式家具用材广泛，选材考究、阔绰，如花梨木嵌乌木、紫檀木嵌黄杨或象牙、鸡翅木嵌影木等。因地域不同，又形成了各自的特点。

明代家具除了广东之外，中原和北方使用的硬木大部分是紫檀、黄花梨、鸡翅木、铁力木四种，明清两代使用这四种硬木制作的家具加起来，也不及酸枝家具的存世量大，现在市场上还比较容易找到酸枝古旧家具，而另外四种硬木家具在市面上已非常少见，基本已沉淀在藏家手中。

清式家具的主料木材，选料极为精细，表里如一、无节、无伤，完整得无一瑕疵。硬木家具的部件和零部件，如抽屉板、桌底板及穿带等，所用的木料都是硬木。

在用材上，清代中期以前的家具，特别是宫中家具，常用色泽深、质地密、纹理细的珍贵硬木，其中以紫檀木为首选，其次是花梨木和鸡翅木。

对主料木材的选料要求表里如一，无节无疤，较为注重人工装饰，却很少留意木材本身的天然纹理，常以满铺的形式来安排雕花图案，由于过分追求装饰，不免忽略家具整体的比例、造型的和谐以及木材本身的天然纹理美。

为了保证外观色泽纹理的一致和坚固牢靠，有的家具采用一木连做，而不用小材料拼接。清中期以后，紫檀木、花梨木和鸡翅木三种木料逐渐缺少，遂以红木代替。

在结构制作上，为保证外观色泽纹理一致，也为了坚固牢靠，往往采取一木连作，而不用小木拼接。总体表现为选材讲究，做工细致。

（3）造型浑厚庄重

清式家具在造型变化方面最惹人注目，这一时期的家具，一改前代的挺秀为浑厚和庄重，突出表现为用料宽绰、尺寸加大、体态丰硕。清代太师椅的造型，最能体现清式风格特点，它座面加大，后背饱满，腿子粗壮。整体造型像宝座一样的雄伟、庄重。

其他如桌、案、凳等家具，也可看出这些特点，仅看粗壮的腿子，便可知其特色了。无论是脚足，还是牙条，尤其各种装饰部件，弯曲变化和强烈的变体使家具的形体呈现出种种差异，给人新颖感。

在扶手椅中，品种变得更加琳琅满目。椅子的特点大都取直背式，座身有束腰，腿足的变化更是别出心裁，有雍贵大度之感。其中被称为太师椅的高级扶手椅，更具有强烈时代感，陈设效果也格外显著。

尤其是圆形家具，以巧妙的结构方法表现出独特的造型形象，如独挺式圆桌和绞藤彭牙式的圆台圆凳等。这些造型在立面和平面上的众多变化，是对传统家具的创新和推进。

（4）受到西洋风格影响

由于西方文化艺术的传入，清式家具中采用西洋装饰图案和手法者占有相当的比例，尤以广式家具更为明显，所以，在中国工艺美术史上，清式家具是中西文化艺术融合的产物。

受西洋影响的清式家具大约有两种形式。一种是采用西洋家具的样式和结构，早期此类家具虽有部分出口，但未能形成规模，清末此种"洋式"再度流行，大多不中不西，做工粗糙，难登大雅之堂。

第二种则是采用传统家具造型、结构，部分采用西洋家具的式样或纹饰。如传统的有束腰椅，以西番莲图案为雕饰等等。

△ 描金彩绘工艺

△ 描金彩绘工艺

清式家具走的路子与明式家具截然相反，由重神态变为重形式，在追求新奇中走向繁琐，在追求华贵中走向奢靡。

3 │ 清式家具的鉴赏

清式家具也有自己独到的美学价值，首先表现在造型丰满，气质凝重。

清式家具所用的构件和线型浑厚圆润，与整体结构关系对称和谐，与明式家具比较，可谓是环肥燕瘦之别，是体态、风度不同而各擅其色的美感。

清式家具的造型丰满主要表现在家具总体尺寸、家具局部结构的各种零件，如束腰、牙板、托泥和各种杆件等结构的比例与明式家具相比尺寸明显加大。体态沉稳，造型多采用对称布局，或者用降低中心、扩大底部承载范围的办法，使造型呈现出平稳、凝重的气质，类似的家具品类相当多。

如香几束腰部位的线型比例，与明式香几的束腰相比，其尺寸要大得多。其束腰之上往往叠落二层线牙，与面板一起合成一个厚重的造型。束腰上下线型之间协调的比例变化，给人一种韵律很强的美感，一些镂空的束腰光洞改善了厚重造型给人带来的弊病。

为了扩大香几的造型体积和面积，一反明式家具多数是素牙板和垂直牙板的做法，把托腮以下部位制成彭牙板的形式，微微外凸的彭牙板既丰满了体量，其光素的表面又给人以圆浑凝重的气质。从整体上看，三弯腿的线型由上部开始向下部渐弯，引导人们的视线向内流动，使体量的重心更为集中，这种对称的布局使凝重的气氛更为突出。

为了强调家具沉稳的特色，清式的香几、烛几、花几，设置包括一些桌椅等家具，由于造型高耸，为强调其沉稳的特征，往往将底部托泥结构发展成为托泥座，与束腰部位造型形成一种呼应关系。

这种造型特点，以清式家具中京作、广作中的作品最多，它不仅赋予了清式家具丰满凝重的造型，给人的心理感受是突出了沉稳凝重的体态。

清代太师椅是具有丰满凝重之风的典型代表，椅的局部构件在整体比例均衡的情况下，绝对尺寸比明式家具大得多。清太师椅的座面下多是很宽束腰，通常束腰宽度为40毫米左右，是多数明式椅束腰的2倍～3倍。其他部件的体量也明显增加，这样就赋予家具一种结构合理、强度较高的稳定体态。

清式家具造型之所以产生这种风格，主要有两种原因：一种是虽然清式家具以京作为典型的代表作派，但造型风格主要还是源于广作，广作的广东一带是当时制作家具的进口名贵木材的主要地区，因此原料比较充裕，是清式家具形成和发展的有利条件。

可见，清式家具的形成，工匠对材料的选用不吝的特征，也是重要的因素之一。另一个重要原因，就是在进行家具的设计构思时，考虑到家具与整体环境的协调与适应，对家具体量、陈设气氛等因素。

清式家具以京作的宫廷家具为代表，他们的陈设环境都是在气势磅礴，规模宏伟的建筑内。即使是有代表性的民间清式家具，也都是陈设在显宦府邸、私家园林或富贵豪绅的住宅之内，这些家具设置场所多为亭堂楼阁，室内空间高大，气氛庄重，所显露的气质是与宫廷、官邸、豪富阶层的气派相适应的。

民间的清式家具，虽然也具有丰满凝重的风格，但造型和装饰的设计，陈设格局处理得相对灵活。

有些清式家具在看来体量较大的部件上，作了减重疏淡的处理，如在较宽大的束腰上鱼门光洞，对于宽大的彭牙板使其凸出外移并镂空各种图案，形成通透的效果；厚重的桌几案面则运用各种平滑的线形调节；协调脚型上部和下部端面粗细线型的变化等，从视觉上都对家具造型本身起到了减重、疏淡的作用。

这种处理既有均衡结构的功效，又活跃和加强了家具的装饰成分。因此从清式家具造型来说，这种丰满凝重的特点是成功的，是富于时代意义的。

清式家具的美学特征除表现在体量上外，最突出的是莫过于装饰了，其技法丰富多彩，格调炫丽，是我国家具装饰艺术卓有成就的时期。

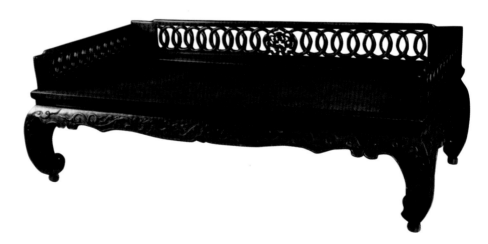

△ 红木罗汉床　清代

长208厘米，宽103.5厘米，高70厘米

△ **黄花梨书箱　清早期**
长16厘米，宽40厘米，高22厘米

　　清式家具充分利用雕刻、镶嵌等工艺技法，取得了突出的成就，构成了特定的艺术风格，其精美华贵是汉代、唐代家具所不能比拟的。

　　雕刻的装饰技法中，主要有木雕与漆雕两种。明代硬木家具中的雕刻多数是浅浮雕、阳刻，而清代硬木家具则多数则采用高浮雕、圆雕，不但广泛地在家具的局部和脚型上进行雕刻，在有的屏风、罩、桌椅等家具上，则以通体雕刻为"地"衬托饰件，有一种烘云托月的气氛。其图案近乎圆雕，雕刻的部位较深，刀法圆熟，行刀并无滞郁现象。

　　而家具中的漆雕则主要还是运用剔红、剔彩等技法。这些雕刻技法形制不同，表现的风格和取得的艺术效果也不一样，但都具有整体轮廓清晰，局部雕刻精细的特点。

　　雕刻布局的疏密和对雕刻图案体积变化的表现，突出了家具体态虚实、强弱的对比，加强了家具造型的表现能力。由于雕刻图案的整体效果与家具造型本身有密切的呼应关系，也就加强了家具这种使用功能很强的作品的艺术魅力。

　　清式家具多以各种龙饰进行装饰，除此以外，凤纹、拐子纹等纹饰也出现在不同的家具器形上。

　　清式家具有时还采用玉石、彩石及象牙等材料镶嵌在家具的面板上进行装饰，有的甚至也使用大量的螺钿装饰家具。在大型的家具，比如顶箱柜、博古架上，制作清式家具的工匠们大都选用各式历代名人画、松石、花鸟、梅、竹、兰、菊等题材进行装饰，既丰富多彩，又拓宽了家具艺术上的表现形式。

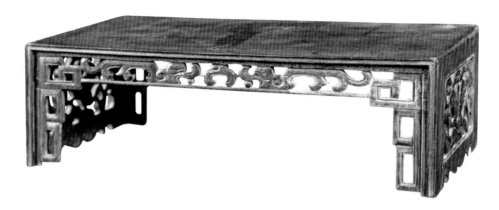

△ 黄花梨双龙捧寿底座　清代

长35厘米，宽17厘米，高11厘米

　　黄花梨制底座，面平，直壁，前后牙板镂空双龙捧寿图，挂牙垂至底足，器型虽小，但巧妙细腻。

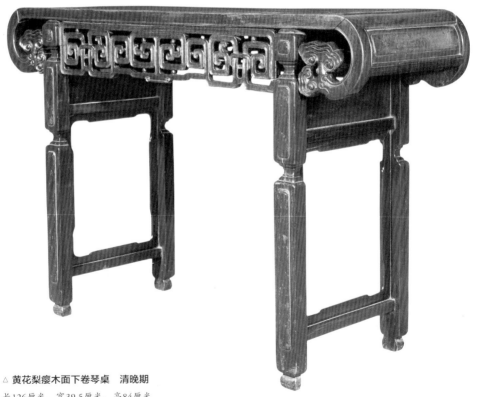

△ 黄花梨瘿木面下卷琴桌　清晚期

长126厘米，宽39.5厘米，高84厘米

　　琴桌以黄花梨为材，桌面攒框镶瘿木板，呈卷书案形式，牙板采用攒拐子的方式，下卷柔软有度，卷书状末端各雕刻两朵灵芝。腿足间置两根横枨，枨间设券口牙子。